おもしろサイエンス

地形の科学

西川有司［著］

B&Tブックス
日刊工業新聞社

はじめに

地球の表面は山、川、海、平たん地など様々な形でできています。そしてその中には、絶景と呼ばれる美しい地形もあり、思わず「すごい！」と感嘆の声をあげたくなります。

このように、地球の表面は様々な特徴的な凹凸からなり、これを地形といいます。この凹凸の地形は地球内部からのエネルギーの放出と太陽による気候の変化、雨・風・雪や日差しなどの外からのエネルギーによって生まれます。険しい山になったり、なだらかな山になったり、渓谷や谷をつくったり、あるいは平らな平野になったりと、様々な変化にとんだ姿を見せてくれます。

地球の表面では岩石が、空気や水にふれ日差しに曝され「風化」しボロボロになり「侵食」され崩れたり削り取られ、砂や土となり川や風で海に運搬され、堆積していきます。石灰岩のように水に溶ければ起伏が生じ、地形が形成され、溶けた成分は川によって海に運ばれていきます。

また、地球内部からのエネルギーの放出によっても地形が生まれます。火山活動が起こり、マグマが噴出し溶岩が流出したり、マグマだまりが陥没してカルデラができたりして火山地形がつくられます。湖もできます。地殻変動（造山運動）によって断層ができたり、地層が曲がり、地表が隆起し沈降したりします。マグマも貫入し固結し、山がつくられます。地球温暖化による海面上昇にともなう海水準変動でも平野などが形成されます。

山川、平地、山岳、高台、海岸、島などの地形の「でき方」と「できる原因」は地形そのものに記録されています。瞬間にできる場合もありますが、多くの地形の形成には数千年、数百万年と途方もない長い時間がかかります。地形は、僅か1年に10センチメートル以下というマントル対流で動くプレートテクトニクスでつくられます。世界一高いエベレストもこのプレートの動きで形成され、富士山もプレートに関係します。国土の大半が山からなる日本列島の地形も火山と造山運動による影響でつくられています。

私たちが住む社会の場や農地は地形の制限を受けています。日本では国土全体の14％の平地に人口の約5割が集中しています。地形は自然をつくり、景観をつくり、町をつくり、地形の条件によって都市が生まれます。地形は私たちの身近な存在です。一方で、火山活動やがけ崩れ、地滑りによって災害にも結びつきます。

地形に関する本は、多くありません。本書では地形を体系化し、地形全体をわかりやすく表しました。地殻変動と地形、堆積作用と風化削剥作用、気候の影響を受ける地形、火山活動によって生まれる地形、地層や岩石と地形との関係など地球の営みのなかでつくられる地形を理解しやすいように描きました。地形および地球への興味を深めていただければ嬉しいです。

「地形の科学」はおもしろサイエンスの「地層の科学」や「岩石の科学」と相互に関係します。

本書を通して科学的な眼で地形を見、眺めていただければ、筆者の望外の喜びです。

日刊工業新聞社藤井浩氏には執筆の機会を与えてくださり、執筆編集のご指導をいただき、深く感謝を申し上げます。

２０１９年3月

西川有司

目次

第1章 地形ってなんだろう？

第2章 地形はどうしてできるのか

第3章 地形の種類はたくさんある

第4章 川や山、海はどうしてできるのか

第5章 地形と地質の関係は密接だ──プレートテクトニクス

第6章 様々な地形──絶景、世界の最果て

第7章 地形は社会の発展に大きく影響する

Column

第1章

地形って
なんだろう？

1 地球表面の凹凸が地形だ

地球の表層部は地殻です。地殻は岩石から構成されています。そしてその表面は岩石がむき出しになり直接空気に接触していたり、土で覆われたりしています。あるいは湖や海に覆われています。そして地表の岩石が空気や海水に触れる境界は凹凸になっています。この地表や海底の高低や起伏の凹凸の姿を地形といいます。また海と陸の境界や川の形、山の形、平野などすべてが地形なのです。いわば地表面の形態が地形なのです。海面上にある地形は陸上地形といい海面下にある地形は海底地形と分けています。

日本列島も地形です。宇宙から見ないと実感をもって日本列島全体の形を知ることは難しそうですが、飛行機に乗れば眼下に房総半島の海岸地形が眺められます。富士山からは関東一円の一部の地形は見渡せます。地形図と同じ形が眺められるのです。

地形には大きい地形と小さい地形があります。またその中間の地形もあります。日本列島や房総半島は大きな地形です。富士山ぐらいの規模ですと中ぐらいの地形です。小さな地形は身の回りや生活環境にいくらでも見ることができ、身近な地形です。

地形は自然環境の基盤であり、生活基盤です。凹凸が地形であり、地形に左右されて農地が形成され、住宅地などが出来上がってきます。ですから住む場所は地形の影響を受けます。私たちの生活すな

地球表面の凹凸が地形

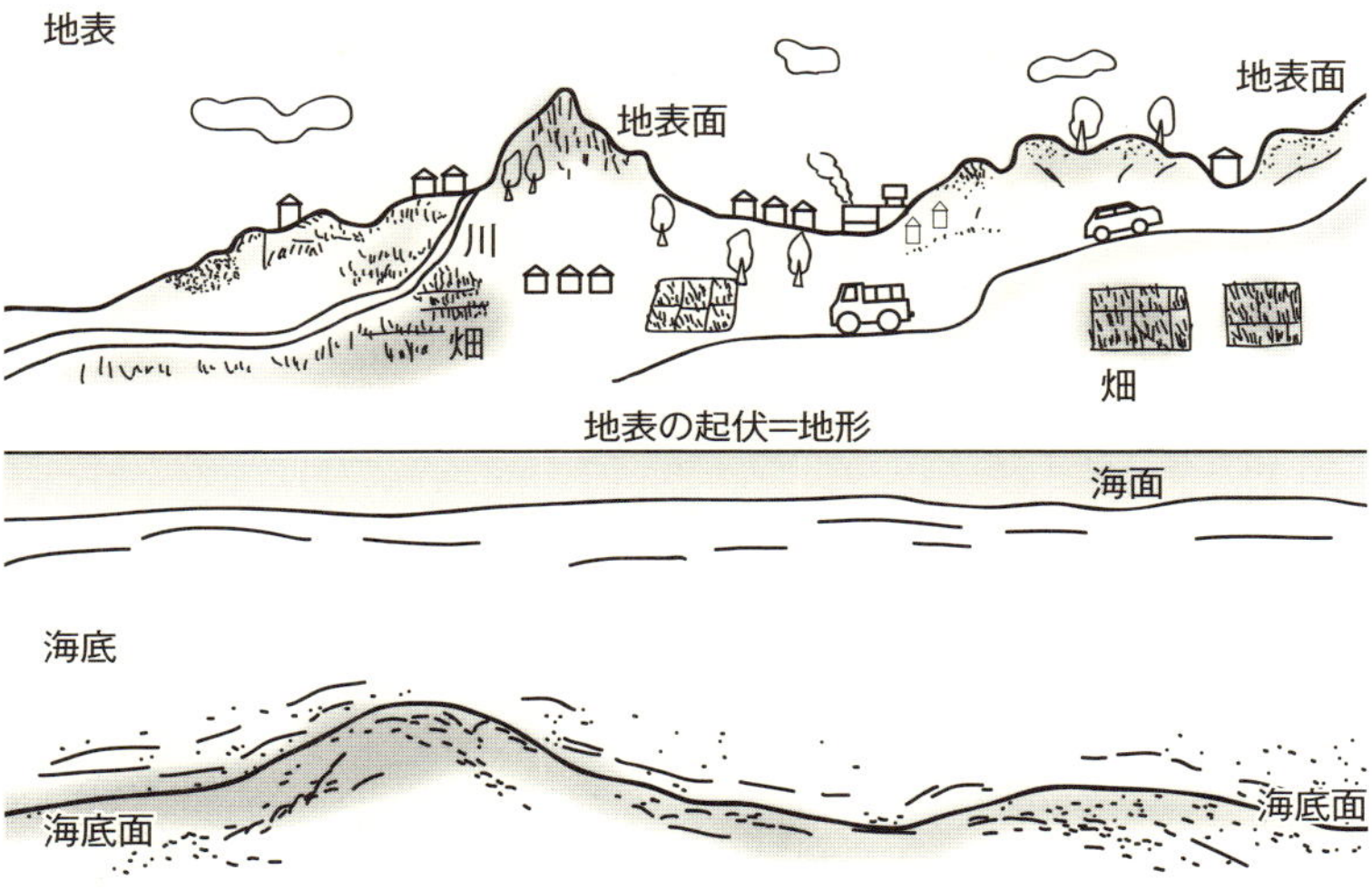

わち住む場所は地形に左右されるのです。地形の形の配置、自然環境、資源の存在、あるいは土砂崩れなどの発生や洪水の発生するところは住宅地、工業地、商業地などにはならず、交通も制約を受けます。したがって地形によって私たちの社会が変わっていきます。

「地形はどのようにできたのでしょうか？」

地球誕生以来、46億年にわたって地球は地形をつくりだしてきました。山あり、谷あり、川があり、平野や海が広がっています。砂漠が岩石基盤を覆い、地球表面は地形によって変化に富みます。地球内部の力や雨、風、日差しなどの気候によって、また海の動き、波の力、海底の流れによっても地形が形成されます。そして時とともに刻々と変化していきます。場所によって複雑な地形をつくり、あるいはまったく変化のない単純な地形をつくっています。地形は様々な凹凸の姿を現しています。

2 ミクロとマクロの地形はどのように関係するのか

南アメリカ大陸東岸とアフリカ大陸西岸の海岸線の凹凸が一致するように見えることから、「南米大陸とアフリカ大陸はくっついていたが、大陸の移動によって今のように離れた位置にある」とドイツの気象学者アルフレッド・ウェゲナーは1912年に「大陸移動説」を提唱しました。今では一般的となっている地球を覆う固い岩盤である「プレート」が対流するマントルに乗って動く、という「プレートテクトニクス理論」の土台です。大規模な地表形態を眺めて考えられた「大陸移動説」が「プレートテクトニクス」の出発点です。

大陸という地球表面の大規模で巨大な地形の陸地に大河、火山、山脈、盆地、砂漠、湖が大規模な地形をつくっています。それぞれの地形に注目すれば、中～大規模の山や川、火山など中規模の地形が形成されており、さらに小規模の地形がみられます。すなわち地形はマクロからミクロの地形で構成されています。

マクロやミクロの地形は定義があるわけではありません。相対的ないい方で、同じ空間でマクロの地形もミクロの地形も存在し、マクロの地形はミクロの地形の集合した姿ともいえます。これらは空間的にも時間的にも相互に関連して形成された地形です。

地形は地形規模により大地形、中地形、小地形さらに微地形に分けて考えられています。

大陸が動く

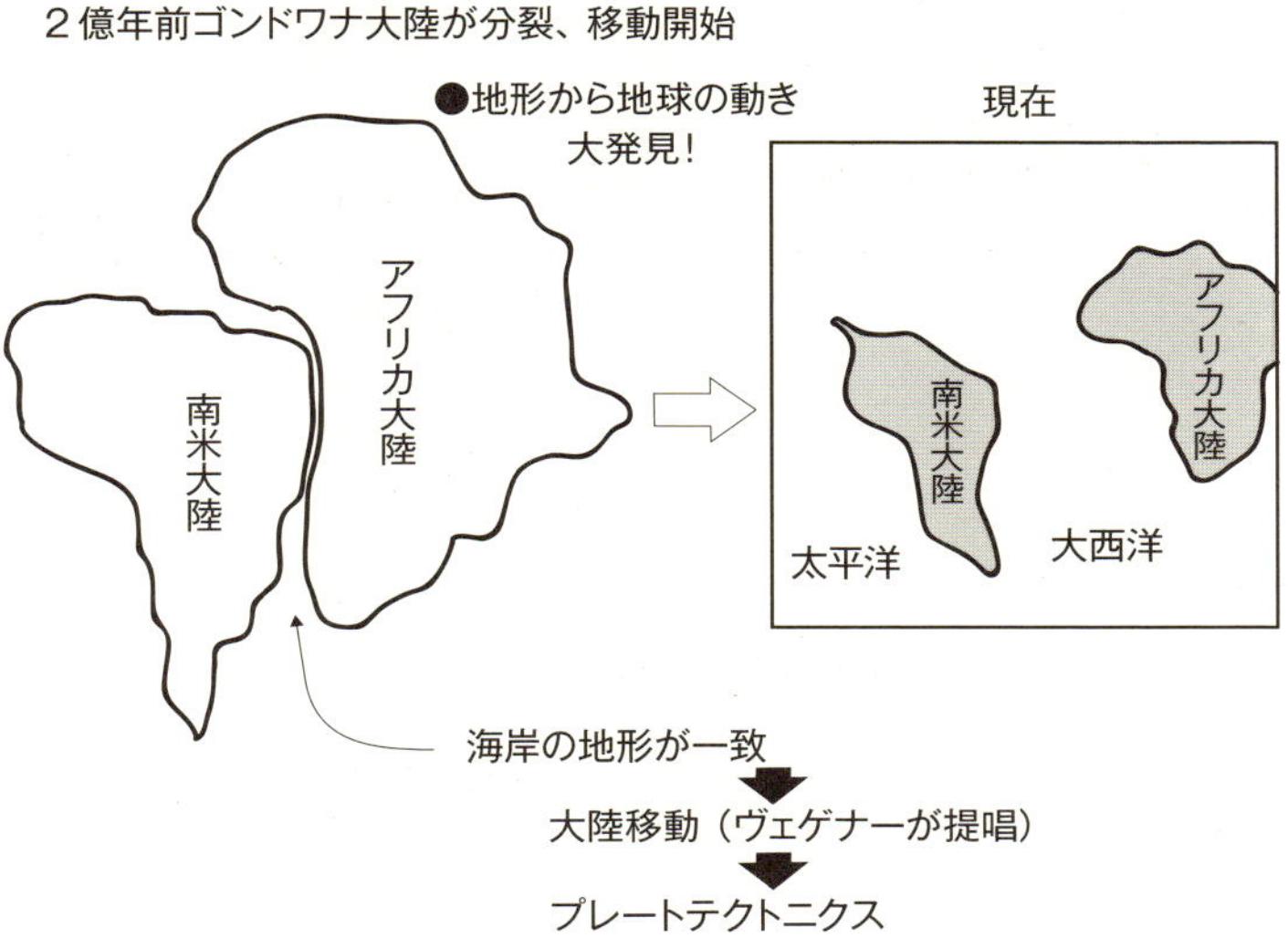

遠くから見れば水平線は平らですが、近づいていけば、起伏があり、あるいは小さな山を形成していたりしています。また遠くから山を見れば輪郭が明瞭ですが、近くで見れば輪郭は不明瞭となります。

地球の内部からのエネルギーで地殻運動が起こり大規模な地表形態の大地形が形成されます。山脈、火山帯、大高原、大平原などが大地形になります。これらの地形の形成はプレートの動きに関係します。中小規模の地形もテクトニクスによっても形成されます。地震により曲がった河川もつくられます。テクトニクスではない堆積作用や侵食作用で中～小規模地形、微地形が形成されます。氷河地形やカルスト地形、リアス式海岸などは中小規模の地形になります。小～微地形は、自然堤防、川の蛇行跡、三角州や砂丘などです。

大陸縁辺には大陸棚、大陸斜面（大陸棚の外縁から深海へ向かう斜面）、海底扇状地、海底谷、海底

テクトニクスの地形と侵食

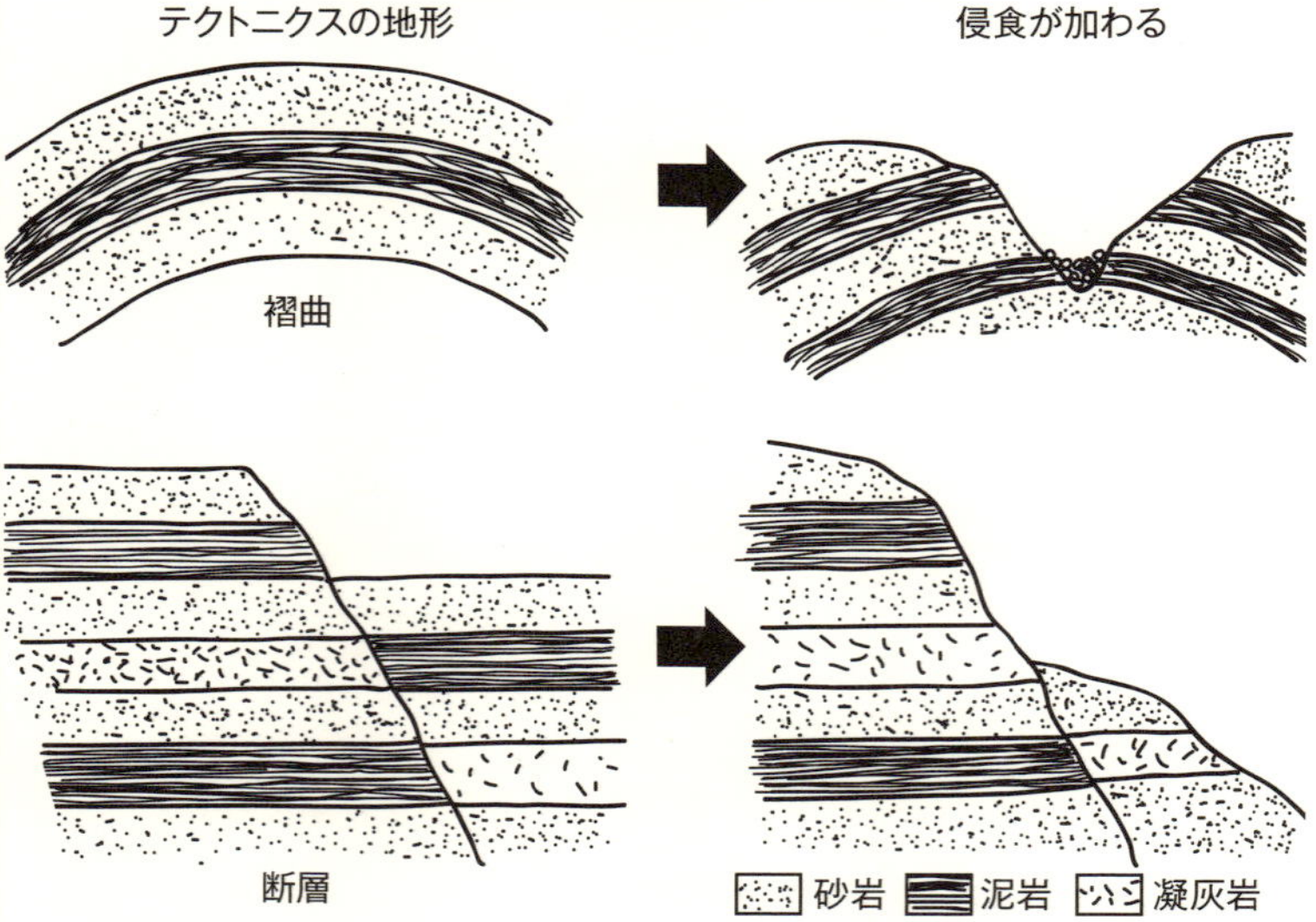

段丘などがあります。

海岸近くの海底地形は河、風などの侵食と堆積の作用により複雑な地形を形成しています。海底ではいったん形成された地形は、浅海以外ではあまり侵食を受けませんから、保存されやすいといえます。

海底にも大、中、小規模の地形が形成されています。プレートの運動や侵食、火山活動などが地形をつくる力になります。

テクトニクスによってできる地形も侵食作用によって形が変わり、堆積作用によっても地形が変化していきます。いわば複合作用の働きによってマクロ、ミクロの地形がつくられます。

地球表面は凹凸の連続です。地球表面はテクトニクスの力によって盛り上がったりへこんだりし、地形がつくられ、つくられた地形が、堆積、侵食作用で盛り上がったり、尖ったり削られたりしています。

3 身近な地形とは、どんな地形か

　私たちが今見ることができる山や谷、河川、平野や台地などを「地形」といい、身近にあります。富士山、関東平野や武蔵野台地も地形です。私たちが住んでいるところは、地形の一角です。地形の一部に住んでいるわけですから、どこに住もうと、地形は身近です。住む場所によってどんな地形か相違してきます。

「地形」はどんな力でつくられるのでしょう。一つは地球内部の力による地殻変動です。さらに地殻変動にも関係する火山の力によるものもあります。

　もう一つは流れる水や氷の働きや風の力、波の力です。この水、氷、風、波が削り運ぶ砂、礫、泥が堆積しても地形が生まれます。

　このように地球の動きによって様々な地形が形成されていきます。

　私たちの暮らす日本列島は6852の島からなる島です。国土の70％が山岳地帯となっています。平野は14％で、ここに人口の約5割が集中しています。

　山は火山とか山脈で、土砂を運ぶ川が平野つくります。世界の中で6番目の長さを持つ海岸線は、砂浜、崖、と変化に富む地形をつくります。いずれも身の回りの景色です。地形が景色をつくります。海水準変動の作用によっても海に沈んだ地形を堆積物が覆い、陸地化とともに川が流れ、地形が削られ、谷がつくられます。海面の低下と上昇がくり返されながら地形が変化し、景色が変わっていきます。

地形を作る力

	地形を作る力	地形形成作用	地形
内部の力	●地球の内部のマントル・核からのエネルギー ●圧力と熱が関係	●地殻変動 ●火山活動	山、山脈、褶曲、断層、火山
外部の力	●太陽（日光・日ざし） ●気候による雨、風、雪、波（気流の変化）	●風化、侵食 ●堆積	山、川、海岸、平野、谷、溶食

身近な山地の地形（群馬県 四万）

4 刻々と変化する地形、災害で変化する地形

地形は長い時間をかけながら形成されていきますが、これは毎日の目には見えない変化の積み重ねで、目に見えるような変化が現れるまでには数百年、数千年、数万年、数百万年の時間を必要とします。

しかし、地震、津波、火山噴火により一瞬で地形が変わる場合もあります。東北大地震によって押し寄せて来た津波は東北地方の東海岸を襲い、風光明媚なリアス式海岸の景勝地を無残な姿にしてしまいました。海岸風景も海岸線も激変しました。

また、２０１８年９月に起きた北海道胆振地震では、大規模な土砂崩れが発生し、多くの被害がでました。山の斜面が１００カ所以上崩れました。基盤地層を被覆していた軽石層が地滑りを起こし、地形が一変しました。台風による洪水でも平野部の地形を数日で変えてしまいます。とくに地震のような内部の力による地形の変化は、一瞬で地形を変化させてしまいます。

しかし陸地の上昇や沈降は緩慢な、長い時間をかけての目に見えない変化で、地形の変化においてはふつうです。ほとんどの地形は見慣れた身近な地形であり、いつもの見慣れた景色で、人間にはその変わり方はわかりません。

侵食や堆積による地形も、日々刻々に変わるような変化は見られません。毎日の侵食、堆積の積み重ねです。しかし、砂漠や砂丘では風の力で刻々と変

変形する地形

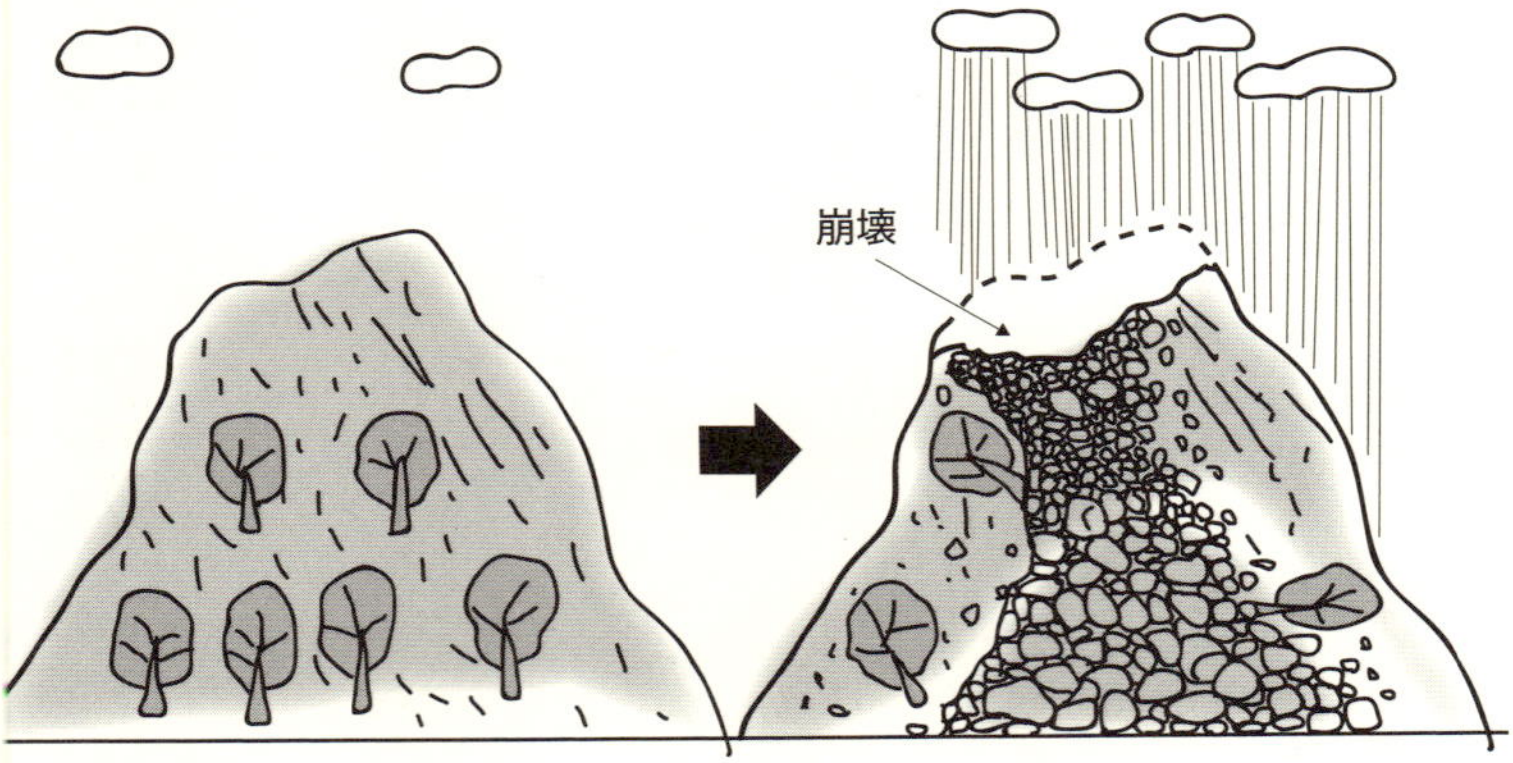

変形前　　　　変形後―山体崩壊

化する時もあります。石灰岩が雨にあたり少しずつ溶けていきますが、溶ける変化は数千年経ないとわからないでしょう。

新たに土地を切り開いて作った水路、海を埋め立てたことによってつくられた平野部、丘陵地を開発した宅地などは人工的に地球の表面の凹凸が変化し、地形をつくります。このような人工的につくられた地形を人工地形といい、自然地形と区別しています。国土地理院が発行する地形図では自然地形と人工地形を分けて表わしています。

低地の多くの場所は「盛土地」となっています。盛土地で被覆されたところが洪水などで盛土が流され平らになったりします。地形を知れば、災害に遭わないような対策も可能です。地震が発生すれば、地盤が割れたり液状化によって土砂が噴き出したり、被害につながります。土地の地形の性質を知れば、災害の対策に結びつきます。

5 地形図は何を表わしているのか。地質図との違いは

山を登るとき、現在地がわかり、目指す場所がわかるような羅針盤に相当する地図が必要になります。地形図は地表の凹凸を平面に表した図です。「どこにどんな凹凸があるか」は、地形図を見れば大雑把にはわかります。地形の凹凸の特徴から現在地点を地形図上で把握できます。

地形図はある土地の形や状態を縮めて（縮尺）線や記号で規則にしたがって図にあらわしたものです。すなわち地形図は、国土全域に同一規格・同一縮尺の正確な基本図測量を元に記号と線を使い、地形を詳細に、縮尺の異なる地図に表します。地形図は、国の国土地理院（測量地図作製機関）で作成しています。統一された規格と精度で作成されていて、空中写真測量でも作成されています。

地形図は、地表の起伏（標高）と等高線（同じ高さを結んだ線）で、地形を詳細に描いており、海岸線、川、崖などの地形の名前も表示されます。水路やダム、目印となる道路、建物などの人工物や社会的に重要な位置情報は地形図上に示されます。さらに植生、農作地あるいは都市、集落などもその名称とともに線または点による記号で描かれています。そのため植生などの人間の土地利用も地形図から読み取ることができます。

一般に縮尺2500分の1から10万分の1までを地形図いいます。中縮尺、大縮尺を地形図といい、中縮尺は5万分の1、2万5千分の1、1万分の1で

す。大縮尺の図は2500分の1、5000分の1の図で国土基本図です。

日本の領土全域が一定の区画単位で地形図として発行されています。

日本では1924年に5万分の1シリーズが、1980年代に2万5000分の1シリーズが完成しました。5万分の1の地形図は日本全体で1200枚になります。なお25万分の1以上の縮尺で世界の陸地80％の地形図が完成しています。

一方地質図は地下の地層の状態や岩石の種類などが描かれています。地殻の地表部に分布する岩石、地層を、種類や年代などにより区分し、地形図上に模様や記号などで表わします。地層や岩石の分布、地質構造が示されています（『地層の科学』項目21、22参照）。これは地球科学の研究や地下資源開発や土木工事などに利用されます。地形図は地表表面の凹凸や土地利用などを表わし、社会基盤を支えます。地質図は地球表層部（地上～地下1～2キロメートル）の岩石や地層の分布を表わしています。

縮尺の違いによる面積の比較

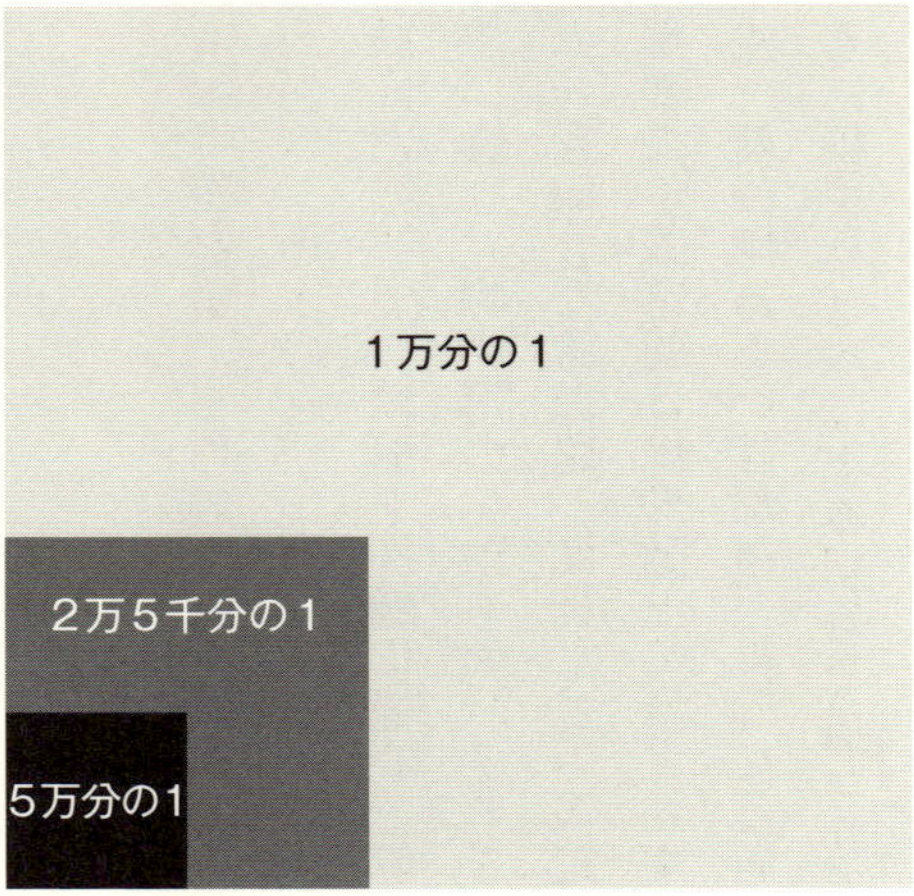

縮尺の違いによる長さの比較

1kmは	1万分の1で10㎝	5万分の1で2㎝

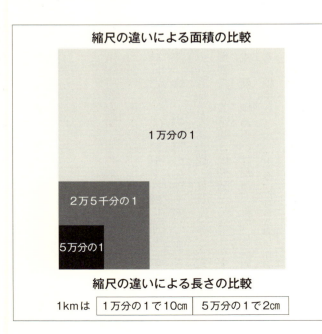

地形図の例

国土地理院発行 25,000 分の 1 地形図「能郷白山」（1971）の一部改変

凡例抜粋

●道路、鉄道　JR　車道（2車線）

●市町村、境界　都府県界

●三角点、水準点

●市街地（建物、密集地、空地）　荒地

●公的建物　市役所　郵便局

●学校　小中学校　高等学校

●畑田果樹　田　果樹園　畑

●樹木　広葉樹　針葉樹

●行政区画　町村・政令市の区界

6 地形の起源はどこにあるのか

「地形の起源?」といわれても何のことかピンとこないかもしれません。地形に起源があるのかどうか、地球の誕生にかかわることでしょう。

地球はチリや直径数キロメートルほどの小さ微惑星が衝突し、合体しながら45億4000万年前に誕生したとされています。微惑星は衝突の瞬間に大爆発を起こし、発生した熱、すなわち衝突エネルギーのため地球の表面がドロドロのマグマとなり溶けてマグマの海となったようです。まだこのころは地球の表面の凹凸は生じていたのか、内部からのエネルギーの働きがあったのか、侵食がすでに発生していたのか、わかりません。

大気が冷やされ、地表温度が下がり、地表のマグマは岩石となり、雲が雨になり地表で熱せられ再び水蒸気になり、地表温度がさらに下がり雨になりながら40億年前に海が誕生しました。このころから地球は岩石惑星となっていきました。そして地殻、マントル、コアの構造がつくられ、プレート・テクトニクスが27億年前に始まりました。

雨が降り、海ができ、川が形成され、地表の岩石は雨で砕かれ、細かくなり砂や泥になって運ばれていき、海に堆積していきます。雨により岩石が侵食され、地表は凹凸になっていき、さらに地表内部からのエネルギーの放出でマントルが対流し、プレートが動き、山が形成され、地形の景色がはっきりしてきました。

地形の起源

地形の形成 46 億年前

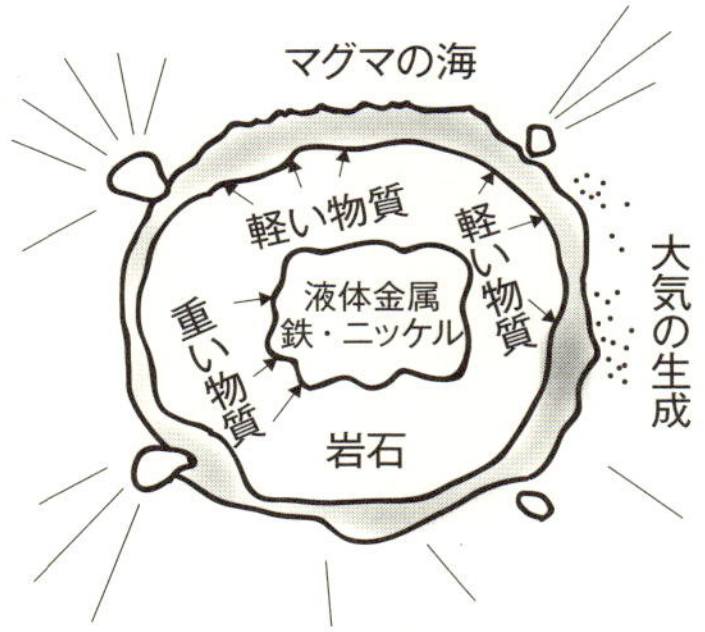

重い物質が地球の中心へ、
軽い物質が地球の表面へ

海の誕生 40 億年前

マグマが冷え水蒸気が発生、
雨となり、多量に降り、海となる

地形の形成

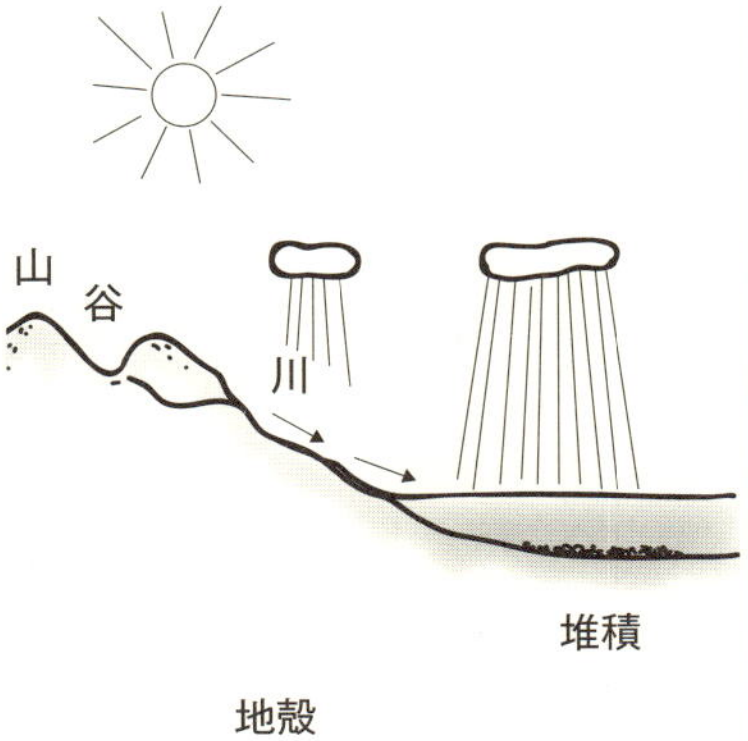

プレート運動開始 27 億年前

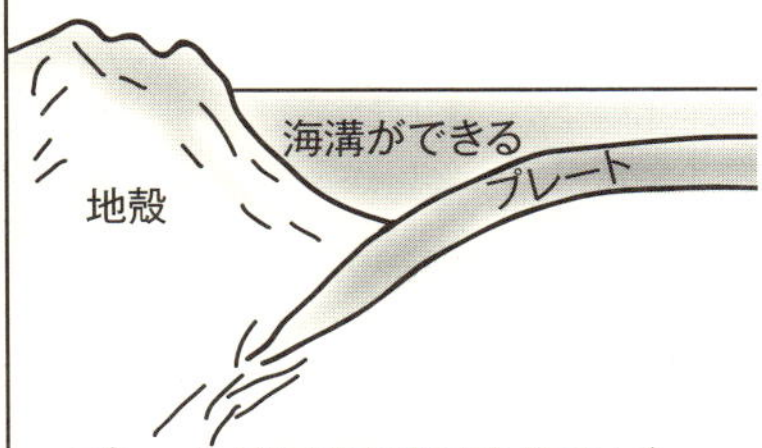

プレートが地球内部に沈んでいく

7 人間のスケールの時間空間を超える地形

地形は絶え間なくつくられています。4項目で述べたように、瞬間的に地形が変わってしまう、地震や津波、地滑りを除けば、地形は長い時間をかけてつくられていきます。

埼玉県の荒川の変成岩の石畳で知られる長瀞を学生時代の調査で訪れて以来50年ぶりに尋ねましたが、結晶片岩の地形や石畳など目に見える変化は見られませんでした。地形は50年ぐらいの年月では変化しません。地形を構成している岩石や地層の種類にも関係しますが、100年ぐらいでは地形に変化は見られません。

地形は人間の持つスケールを超えて変化していきます。変化は安定大陸と日本のような変動帯とでは違います。米国、アリゾナ州北部の峡谷、雄大な景観のグランドキャニオンは7000万年前の古生代の地層が地殻変動で隆起し、コロラド川による侵食作用で削られて形成された地形です。またベネゼエラのギアナ高地は数十億年前の先カンブリア紀に堆積した地層が、そのまま水平に隆起したあと、造山運動を全く受けず、侵食がすすみ、現在の高地の景観ができました。これらは安定大陸に形成された地形で、地層が傾いておらず、水平を保持したまま数千万年以上にわたる長い期間の侵食だけで、地層が形成されており、現在も浸食は続いています。

250万年の歴史を持つ人類と比較すると、自然が刻みつくる地形は遥かに人間のスケールを超えて

地球の歴史

時代		何が起こったのか
40億年前	プレカンブリア紀（始生代）	●海の形成　●最古の岩石（39.5億年前）
30億年前		●生命の誕生
20億年前		●シアノバクテリア増殖、酸素放出 ●鉄鉱層形成 ●プレートアクトニクスの開始
10億年前		●大気中の酸素の増加
5億年前	古生代　カンブリア紀	●酸素濃度が現在の水準に近づく ●ゴンドワナ大陸形成
1億年前	古生代　オルドビス、デボン紀 中生代	●大森林が形成 ●パンゲア大陸形成・分離開始
5000万年	中生代	●恐竜の絶滅
現在	新生代	●哺乳類、鳥類繁栄、600万年前人類誕生

存在しています。

一方変動帯では、内部からのエネルギーの放出によるプレート運動によって造山運動が起こり、山が形成され、侵食が起こり、地震が発生し、山が壊れ、川がつくられ、陸地が海に沈み、海底が隆起し、断層が地層を分断し、火山が噴火するなどと変動が絶え間なく起こっています。

変動しながら地形がつくられ、頻繁に地形が変化していきます。しかし、このような変動帯の地形の変化も、人間のスケールで見ればはるかな時間がかかっており、日常の中では多くの変化はみられず、火山が起こり噴火して、地形が変わるような変化を除いて、5年や10年では、変化を感じ取ることはできません。安定大陸の地形の変化に比べれば、このような変動帯の地形の変化は目まぐるしく動いていますが、私たちが変化を認識できる範囲を超えています。

Column

地形を表わす姓 ——「地形」という姓もある

地形が名前の姓として多く使われているのは、日本人の名前の特徴といえます。姓（名字、苗字）は、家（家系、家族）を意味しています。山、川、谷、海などの地形を意味する姓をもつ人は身の回りにも大勢います。「地形」という姓もあるようです。

武士は自らの支配している土地の所有権を主張するために自分の所有する土地の地名を名字としました。明治8年（1875年）に「平民苗字必称義務令」によって国民は公的な名字を持つことになりました。名字を届け出る際には、自分で名字を創作することも可能でした。そこで、崎、川、岡、島、浦、岩、池、原、平、山、谷、泉、沢、江、辺などを名字に入れて姓がつけられました。地名を名字にすると、集落中が同じ名字になってしまうため地形や土地の名を名字にしたそうです。

一番多いのが“山”“川”などの地理的な状況を用いた名字です。同じ川でも山の中なら「沢」をつけ、流れが急な場所であれば「瀬」とつけられ、流れが遅い場所には「淵」というように工夫をしていました。下流であれば「川崎」です。

「山」についてみても山村、山下、山本、山上、山川、山城、西山、北山、東山、丸山……と上げればきりがありません。山崎なども山も崎も地形です。崎は、陸上の先端部が平地、海、湖などへ突き出したところの地形です。古家崎という変わり種もいます。「谷」も谷川、長谷部、長谷川、谷口、熊谷、大谷、渋谷、水谷、金谷、三谷、鶯谷、細谷、泉谷などたくさんあります。名前を聞けば、姓がつけられた頃、どんなところの出身か、多少推測ができるでしょう。

なおノルウェーでも日本と同様に地形が姓になったりする場合があるそうです。

第2章

地形はどうしてできるのか

8 地形をつくる大きな力

地球を覆っている地殻は、プレートにのって動いています。地層が曲がり、断層が断裂し、地形に反映していきます。地殻を動かす力は、地球の内部からきています。地球の半径は6300キロメートル、ちょうど東京からハワイぐらいの距離です。地球は成層構造で地殻の下はマントルで、その下は地球の中心、5500℃の超高温、超高圧のコア（核）です。その中心の熱が放出され、その熱がマントルの対流を起こし、その対流でプレートが動き、地殻が動きます。これがプレートテクトニクスです。

地球の表面の凹凸は、とてつもない大きな力が働いてつくられます。地殻が動き、地層が曲がり、断層が発達し、大地形がつくられます。安定大陸も、変動帯もこの力で変形していきます。

大陸を分裂させるほどの力です。人類のスケールで見れば、少しも動いていないような動きです。非常に緩慢で数百万年経ないとわからない動きです。

日本列島もこのような力の働きで形成されています。日本列島を東西に分断する中央構造線も南北に横断するフォッサマグナもこのような大きな力によって長い時間をかけて形成されました。南海の島だった伊豆半島も日本列島にぶつかり、日本列島に潜り込んでつくられましたが、富士山の成因もこの衝突に関係しています。そしていまだに潜り込みは続いています。その結果、火山活動が起こり伊豆から箱根にかけて温泉が湧出しています。

地形をつくる力

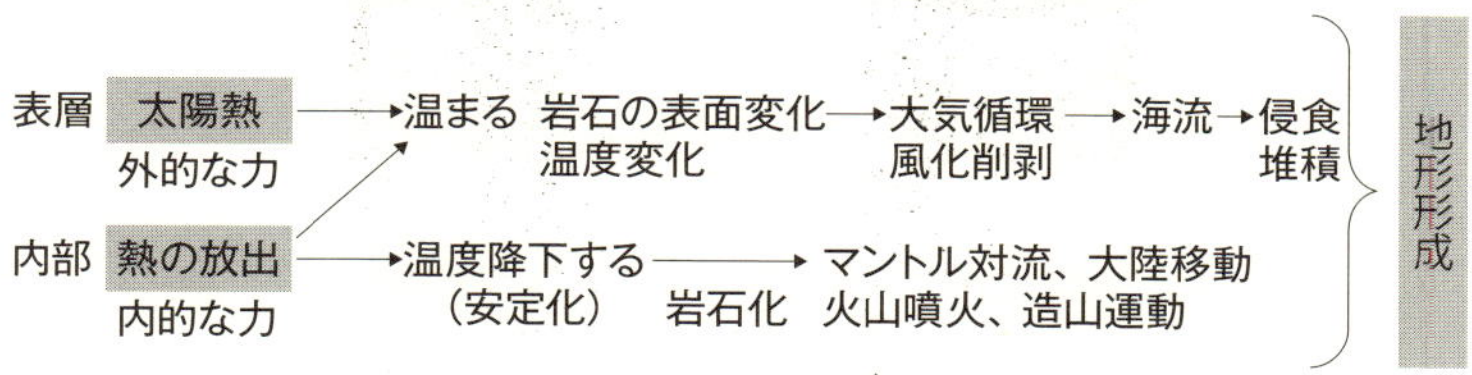

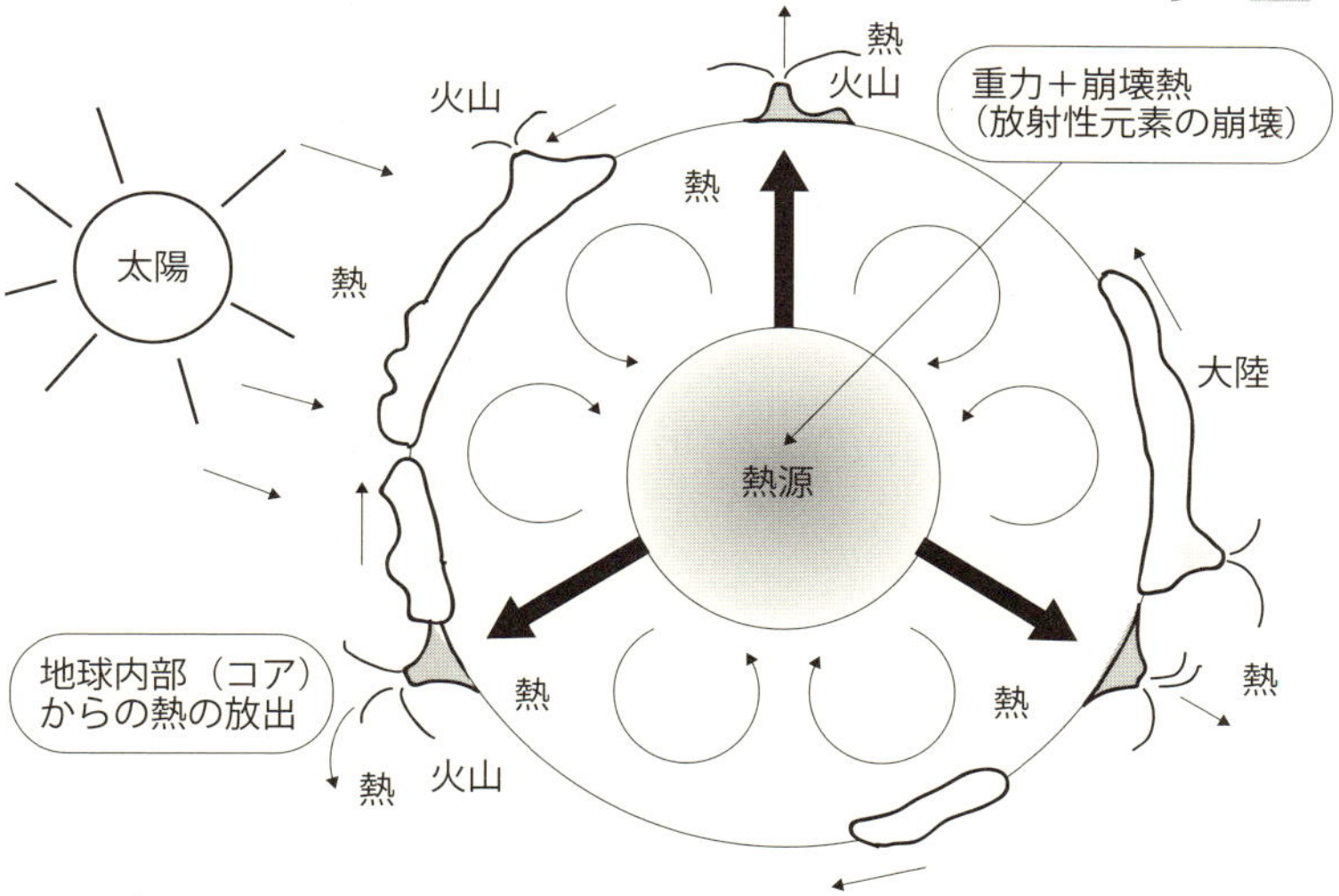

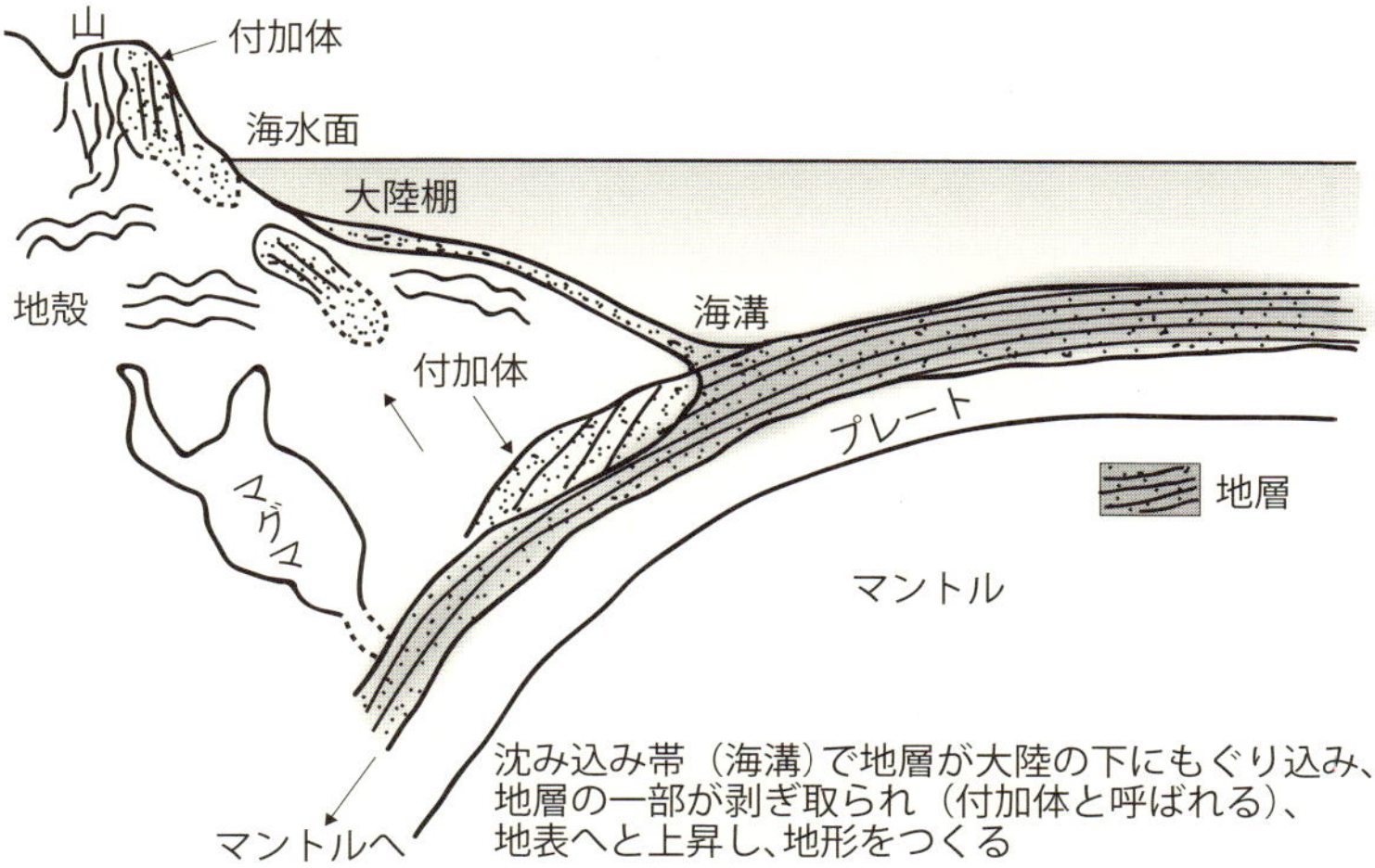

沈み込み帯（海溝）で地層が大陸の下にもぐり込み、
地層の一部が剥ぎ取られ（付加体と呼ばれる）、
地表へと上昇し、地形をつくる

また日本列島に潜り込んだ海洋からのプレートに乗っかった堆積物は、日本海溝で日本列島の下に潜り込み、プレートから剥され、付加体として地殻の中に取り込まれていきます。さらに地殻変動とともに上昇し、地表面に近づき、付加体は風化を受け、地形を構成する一因となっていきます。これも大きな力が働いたために生ずる地形となります。

地球表面は内部からの大きな力の作用で凹凸ができますが、地殻内部でも地層や岩体が変形したり、変成作用を受けて岩石が変化したりしています。地球表面の地形の形成は、地殻全体におよぶ力の働きもあれば、局所的な働きかけもあります。

火成岩が貫入して上昇してくれば、地表の地層や岩体が火成岩体に押され圧力を受け、褶曲構造を形作っていきます。これが背斜構造です。当然地表では凸部となり、凸部の隣では凹部ができて向斜構造がつくられます。褶曲構造は大地形も小地形も微地形も様々なスケールでつくられます。スケールが相違しても同じ力が働いてつくられます。

このように力でつくられる地形は地質構造の形成に密接です。山が侵食され地形の内部があらわれていけば、地質構造が露出してきます。

今も大きな力が私たちの住む場所の地下深部で働いていますが、目には見えません。たとえ目に見えてもその変化は人間のスケールでは捉えられないほど遅すぎてわかりませんが、常に力が働き、時々地震が発生して、力が加えられていることを知ることができます。しかし地震も断層がどの程度動いたか、どのように地震が発生したのか、地震計の計測値で間接的に理解することが精いっぱいです。

地下のことはわからないことだらけです。しかし、その地下で起こっていることが地形に反映されています。地下の出来事を探り、少しづつ理解を深めていかなくてはなりません。

9 削剥、風化、溶解は地形とどうかかわるのか

岩石は長い間空気にさらされると割れ、崩れ、礫、砂、泥（土）になっていきます。また雨に打たれ、岩石に水が浸み込んでいっても、礫、砂、泥（土）になります。さらに岩石は流水に曝され、海水を浴び、風に当たっても同じようになります。このような現象を風化といい、侵食はこのような風化により、地表がけずり取られる削剥を受け、地下の岩石が露出していきます。氷河によっても岩石は削り取られていきます。また溶解とは岩石が水にとけ込んでいく現象です。石灰岩や岩塩は雨や流水に溶けて変形していきます。

多くの岩石は見た目には溶けているように見えませんが、水にほんの僅かに溶けます。削剥、風化、溶解は地形の形成に密接にかかわります。

岩石や地層が風化し、侵食されて削剥されていけば、地層や岩石を構成している地形は削り取られていきますから、長い時間をかければ、丘陵地に川がつくられ、谷が形成されていきます。前章で述べたように米国、アリゾナ州のグランドキャニオンは、7000万年の年月を経て、素晴らしい景観の渓谷となりました。富士山にも沢がいくつも形成されていますが、風化、侵食、削剥で地形が変化し、凹凸がつくられています。溶解でも秋吉台に見られるカルスト地形は、水に溶解しやすい石灰岩などからなる大地が雨水、地表水、地下水などによって侵食溶解されてできた溶食性の地形になります。チョーク

侵食により地形をつくる

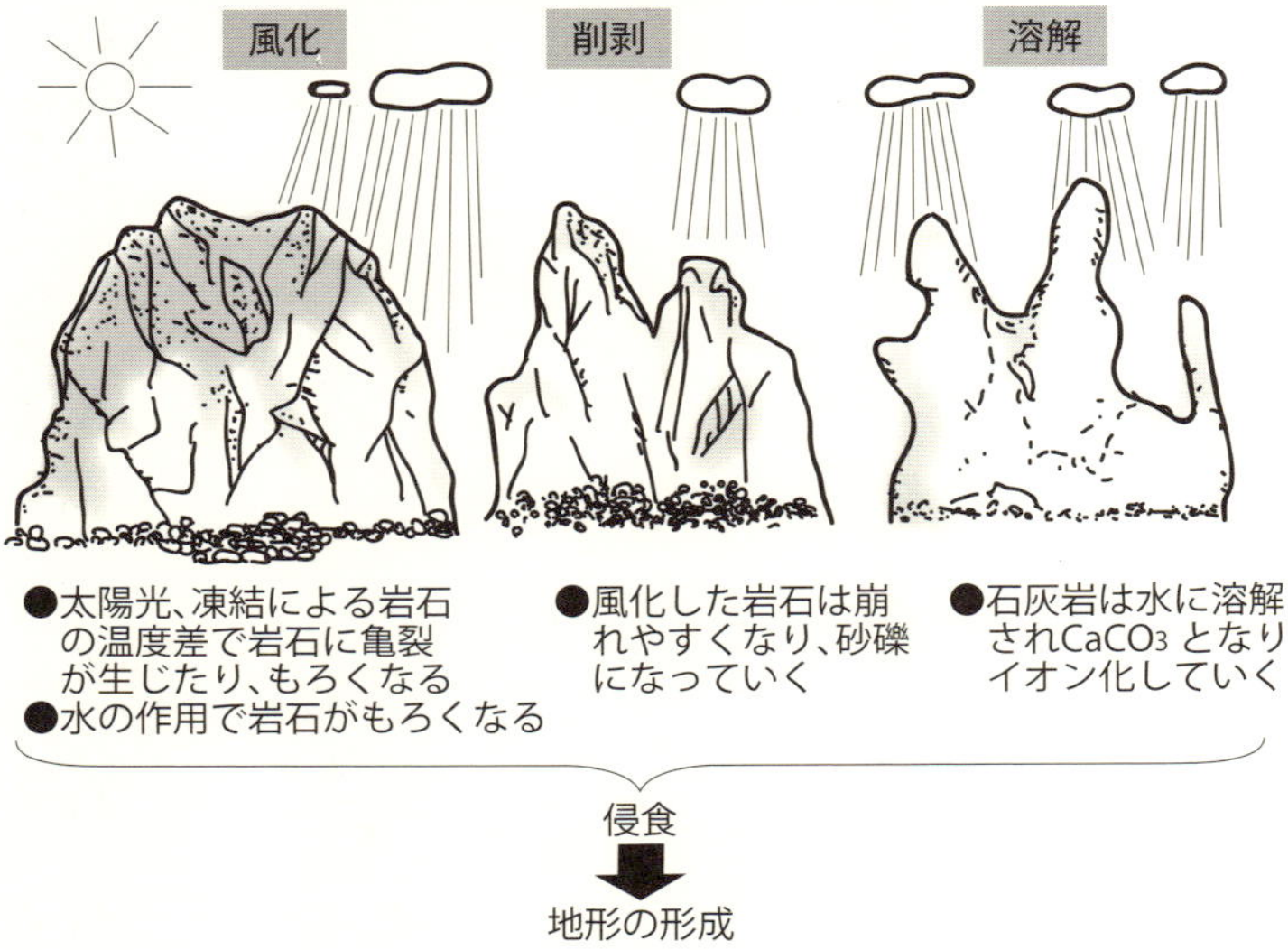
風化
削剥
溶解
●太陽光、凍結による岩石の温度差で岩石に亀裂が生じたり、もろくなる
●水の作用で岩石がもろくなる
●風化した岩石は崩れやすくなり、砂礫になっていく
●石灰岩は水に溶解され$CaCO_3$となりイオン化していく
侵食
地形の形成

（白亜）などの炭酸塩岩や石膏、岩塩でも同様な地形がつくられます。また鍾乳洞なども溶解でつくられました。

大、中、小地形、いずれの規模も削剥、風化、溶解によってつくられています。フィヨルドは氷河による侵食作用によって形成された複雑な地形の湾・入り江で、ノルウェーやグリーンランドに多く２００キロメートルにおよぶにU字谷をもつ細長い形状の湾を形成しています。大規模の地形で美しい景観をもつため観光名所となっています。中地形ではカルスト地形や河川、身近にある山々や渓谷、河川などです。

小地形はいたるところにあります。小高い山になった残丘、雨水による溶食作用でできた窪地、V字谷などです。

このように削剥、風化、溶解による地形はいろいろあります。

10 地面は盛り上がり、断裂しながら地形はできる

地面は盛り上がり、地形ができますが、盛り上がりが止まれば、地形は侵食され、削剥されていきます。断裂でも地形はできますが、侵食削剥で断裂部も削られ断裂の地形が無くなっていきます。

地殻変動や火山活動などによって地面が隆起したり沈降したりします。造山運動で隆起し、山が形成されます。新潟県のほとんどが山地で占められている粟島では１９６４年に起きた新潟地震で島全体が１メートルあまり隆起したとされています。地形の変化です。

１８９１年、岐阜県根尾地域で発生したマグニチュード８・０の濃尾地震は、根尾谷断層といわれる総延長76キロメートルの日本史上最大の内陸地殻内断層の活断層で、圧縮力が解放される際に発生した地震です。変位量８メートル、最大上下変位量６メートルにおよぶという大断層で、断層地形が形成されました。東日本大震災を引き起こした巨大地震はマグニチュード９でしたが、宮城県沖の海底で生じたプレート境界の断層の動きは、最大で65メートルずれ海底の地形が変化しました。

大洋底の中央海嶺に直交して長さ３０００～４０００キロメートルの海底断層が発達し、垂直変位は２０００～３０００メートルにも達する巨大断裂帯です。断裂帯を境に地殻の厚さが変わり、地殻深くまで達しています。断裂体は地形にも表れています。

地面の盛り上がりや断裂は、構造運動にともなう地形の形成です。断裂は地震を発生させ、大地形をつくります。

マントルからマグマが噴き出してくる中央海嶺の隆起やトランスフォーム断層のような巨大断裂帯は地殻をつくる構造に関係します。中央海嶺や巨大断裂帯はほとんどが海底ですから見ることはできません。

アフリカの大地溝帯も巨大断裂帯です。日本の中央構造線やフォッサマグナも巨大断裂帯で断裂が集合して大構造がつくられています。フォッサマグナも中央構造線も大地溝帯です。日本列島の形成にもかかわる構造で、大地の裂け目です。航空写真や衛星写真で見ると地形に反映されています。

フォッサマグナでは妙高山、草津白根山、浅間山、八ヶ岳、富士山、箱根山など火山帯が分布しています。

新潟県糸魚川市根小屋ではフォッサマグナミュージアムなどでフォッサマグナを見ることができます。中央構造線は長野県伊那市長谷溝口などで観察できます。なお中央構造線の西方の阿蘇のカルデラは周辺を含めて半径25キロメートルの隆起地形です。

地質と地形の関係は密接です。しかし、侵食、削剥で地質構造は少しづつ失われていきます。海底の堆積物が隆起すれば、地表に現れたとたんに侵食が始まり、また植物で覆われてしまい、地質が地形に反映した姿は簡単には見られません。

隆起、沈降、断裂はいつも起こっています。地震によるこれらが地形に現れる姿は、時折観察されますが、ふつうは地球のゆっくりとした動きの中に埋もれて見られません。

地形からどんな力が働いたか、観察し、調査し、地質構造、地球の動きを理解していきます。

海嶺の地形

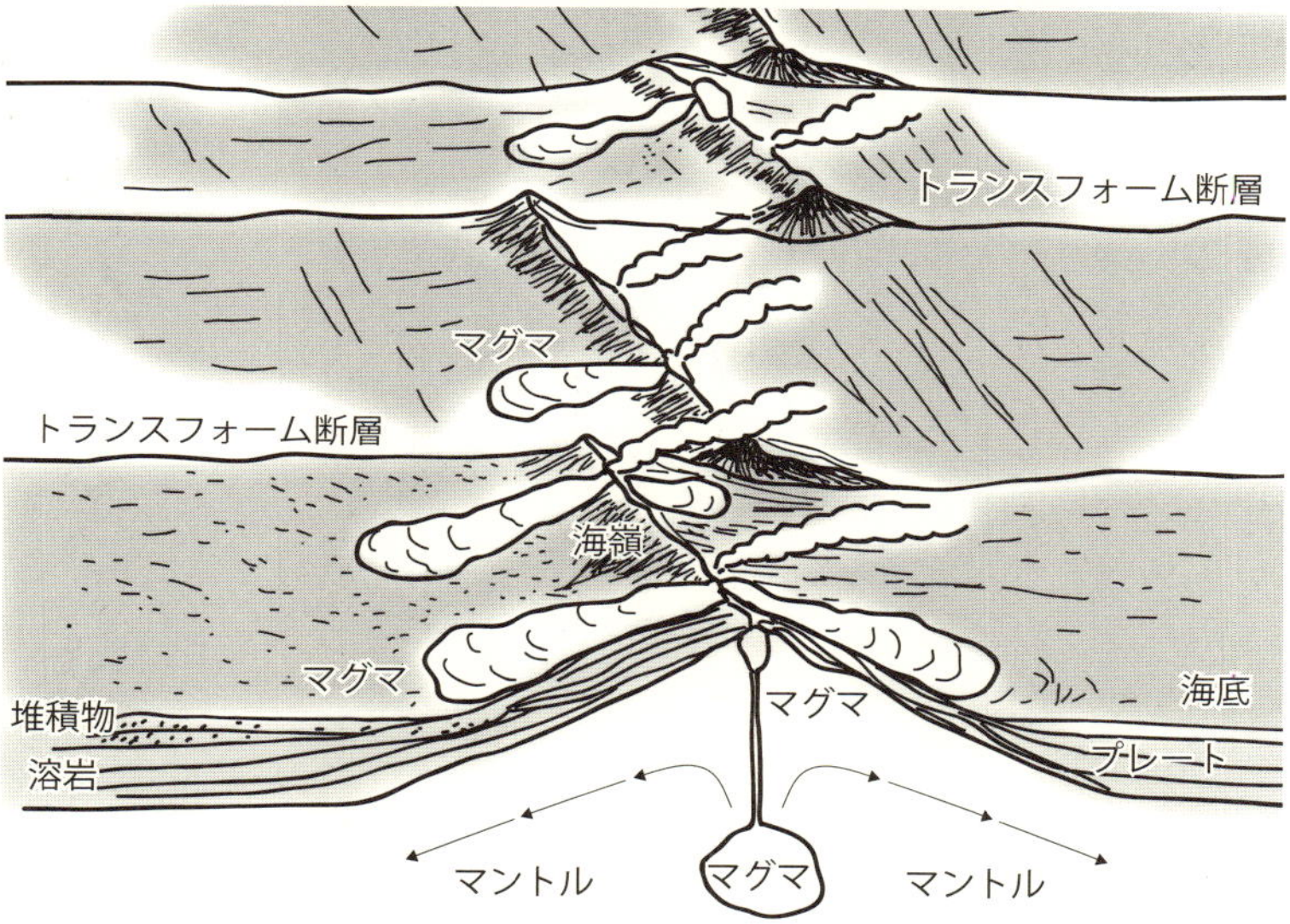

日本の構造線

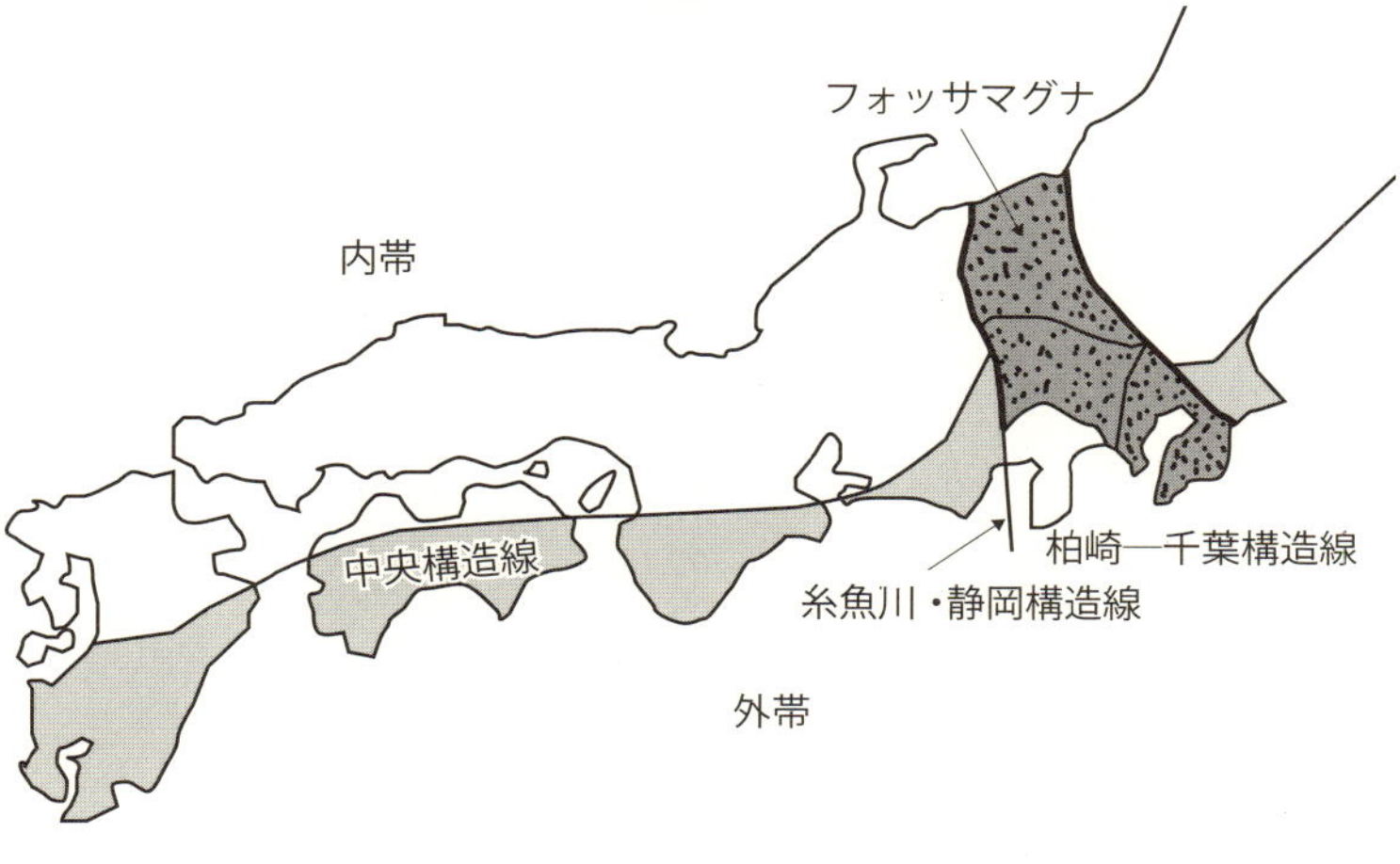

11 風化、削剥、運搬、堆積のプロセスから地形ができる

風化、削剥についてはすでに説明しましたが、風化、削剥によって岩石や地層を構成していた礫や砂、泥を水の流れが運搬していきます。石灰岩のように溶解し水に溶ける岩石は、溶けてイオンになって運ばれていきます。また水での運搬のほか、風によっても運ばれていきます。さらに運搬によって運ばれる土砂が川底や河岸を削剥していきます。運搬の次のステップは堆積です。運搬、堆積によって地形が生まれます。

堆積はいたるところでおきます。川の流れが緩やかになれば重い礫は堆積します。川が急傾斜から緩傾斜に変われば重い礫（石）は川底や流れが緩やかな河岸、特に屈曲部で堆積します。

山地から平坦地になると川が運んでいた土砂は流速が遅くなり、平坦地に堆積します。堆積が進めばその付近の土地が少しづつ高くなっていき、洪水が起こると周辺の比較的低い土地に川が流れるようになります。さらに河川の流れの方向が変わり、低いところを選んで、堆積が進んでいきます。これが何度も繰り返され、山地の出口から平坦地に向かって扇のような形をつくりながら、土砂が平坦地のいろいろな方向に堆積し、扇状地が形成されます。扇状地の頂点を扇頂、末端を扇端、中央部を扇央といいます。

河岸段丘は河川の流路に沿いながら形成される階段状の地形です。平坦なところを段丘面といい、傾

侵食・堆積地形

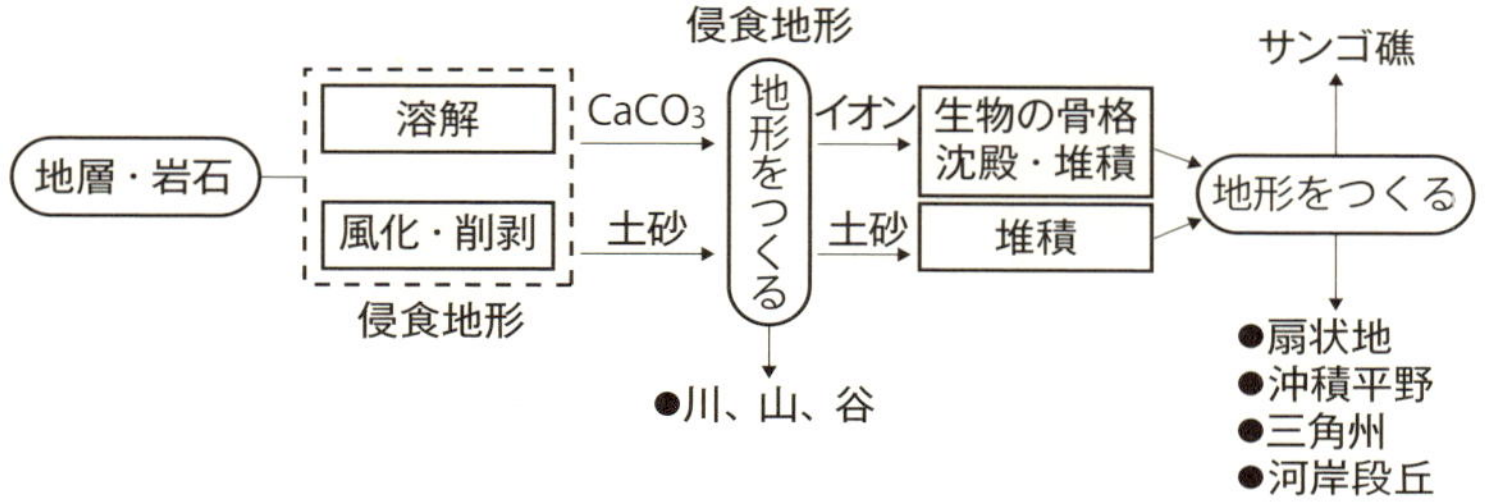
侵食地形
サンゴ礁
溶解
CaCO3
地形をつくる
イオン
生物の骨格
沈殿・堆積
地層・岩石
地形をつくる
風化・削剥
土砂
土砂
堆積
侵食地形
●川、山、谷
●扇状地
●沖積平野
●三角州
●河岸段丘

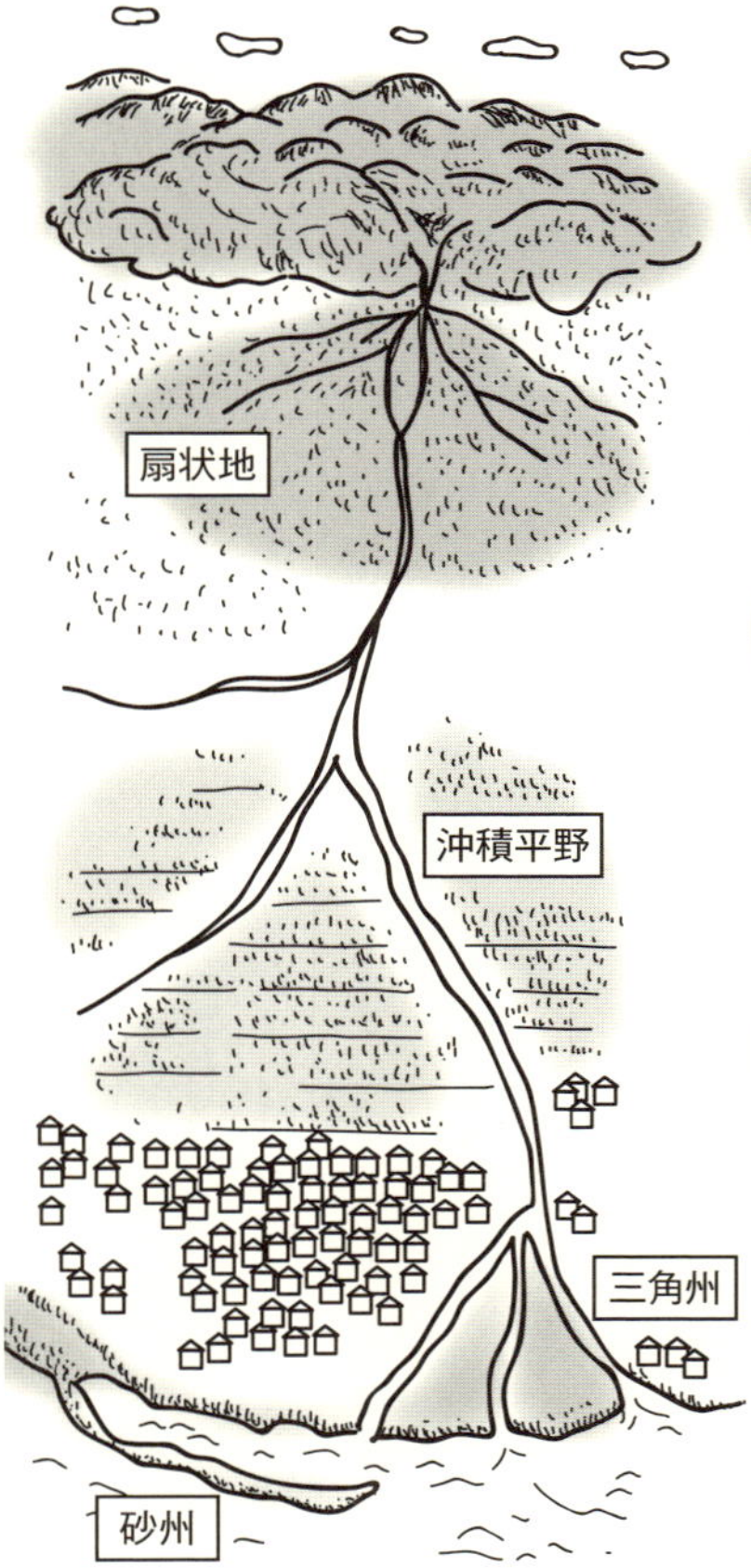
扇状地
沖積平野
三角州
砂州

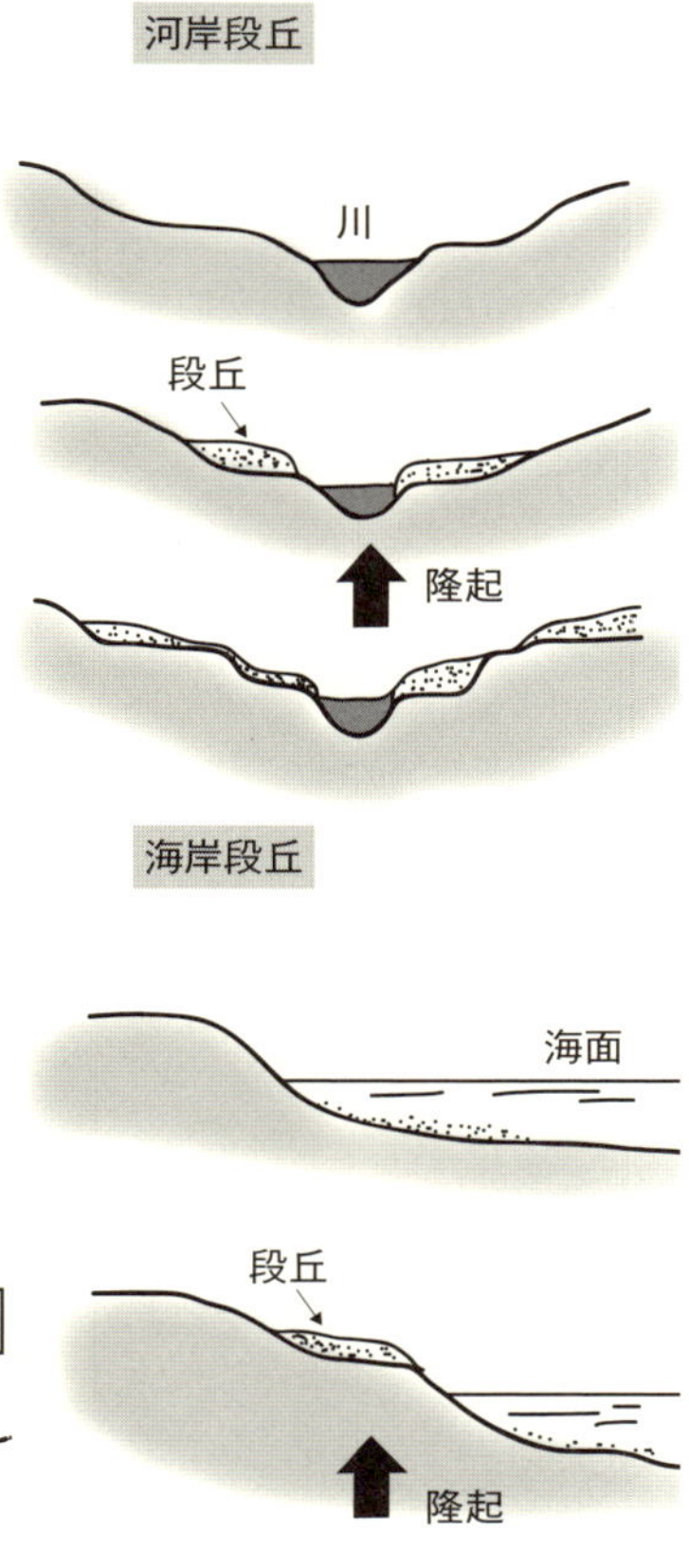
河岸段丘
川
段丘
隆起
海岸段丘
海面
段丘
隆起

斜が急な崖によって段丘をつくっています。また海成段丘は、海岸線に発達する階段状の地形です。海水準変動と地盤隆起の組み合わせにより形成されます。河川によって運ばれた土砂が河口付近に堆積すれば、枝分かれしている2本以上の河川で囲まれる、ギリシア文字のデルタに似ている三角形の地形が形成されます。三角州です。これをデルタ地帯ともいいます。東京や大阪は三角州の上に形成された都市で、これは大地形といえます。

川によって運ばれる土砂は河口付近では、岩石海岸が侵食されてできた砂や礫が混ざり、波と沿岸流によって堆積地形が形成されます。砂州です。京都府の天橋立が有名な観光地になっています。またポーランド北部のプック湾とバルト海を隔てる、約300メートル、最狭部の100メートル全長35キロメートルの砂州、ヘル半島も観光地で道路と鉄道がつくられています。

このように風化、削剥されてつくられる地形とともに、岩石が壊れ礫や砂になって流されていけば、それらも堆積して新たな地形をつくります。河口からさらに海流によって砂や泥が運ばれ、大陸棚などに堆積し1000～2000メートルにも達する厚い地層を堆積していきます。

風化、削剥による莫大な土砂は、地形をつくる材料になっていきます。風によって運ばれた砂や泥も堆積して砂漠を形成し、砂丘をつくります。

なお、金属を含む鉱石が風化、削剥されれば、水に溶けにくい金属鉱物は重く流れに運ばれながら川底に堆積します。水に溶けやすい金属はイオン化し、海洋へと溶けて流れていきます。金は重いため砂金として鉱床を形成します。ダイヤモンドも水に溶けず、硬いため川底や海岸に近い海底に堆積します。地殻の岩石、地層は風化、削剥、運搬、堆積のプロセスを通して様々な地形をつくっています。

砂州（フランス　アルカション）

河岸段丘の畑と家屋（奥多摩）

12 地球内部からのエネルギーで火山活動が生まれる

地球内部からのエネルギーで地形をつくる一つの形が火山活動です。地球内部からのエネルギーでマントルが対流を起こし、その対流によってプレートが動きますが、対流が起こり始めるところで火山活動が起こり、これを海嶺といい、海山の山脈がつくられていきます。しかしこれは海底ですから見ることはできません。

でも海から露出している海嶺もあります。アイスランドです。ここではその姿を見ることができます。海嶺の山頂は地溝帯で割れ目の谷となっています。東と西に向けて噴き出した溶岩は移動していきます。移動のスピードは1年に東西それぞれ1～1・5センチメートルです。この海嶺を境に、アイスランドの西は北米大陸プレートをつくり、東の部分はユーラシア大陸のプレートをつくります。地形が溶岩の吹き出しとともに変化していきます。

またプレートが海溝から大陸地殻の下に潜り込みますが、潜り込みながらマグマが発生し、マグマが上昇し、地上に噴出して、火山活動が発生し、新しい火山地形を生み出していきます。日本列島には110の活火山（1万年以内に火山活動が起こった）があり、すべてこのタイプです。現在も火山活動が活発です。火山地形の多くは観光地になっています。火山活動に伴ってできたカルデラも湖になり、美しい地形景観をつくります。桜島や草津白根など各所で火山活動が起こり、地形が変化していま

火山活動による地形

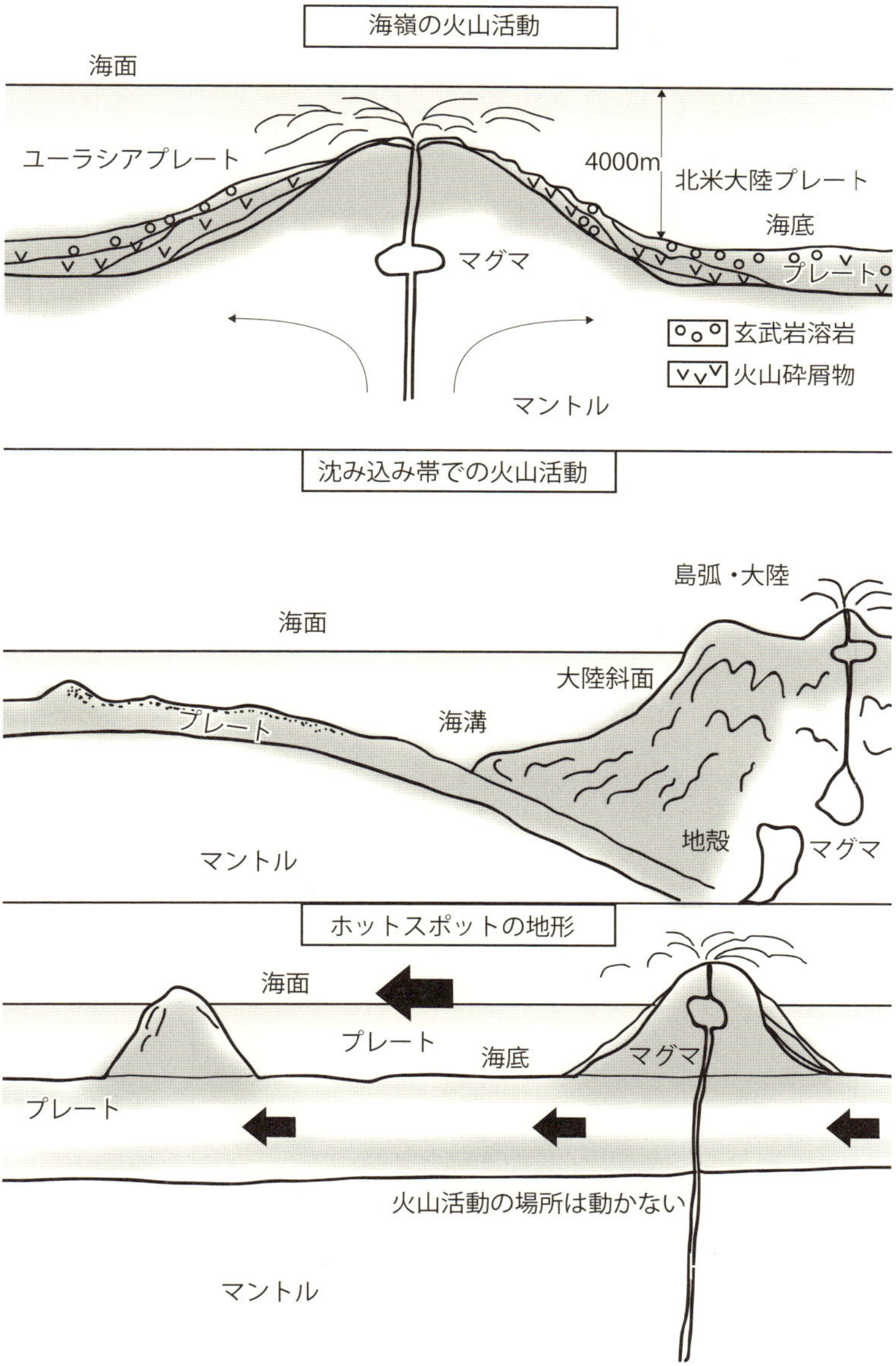
海嶺の火山活動
海面
ユーラシアプレート
4000m
北米大陸プレート
海底
マグマ
プレート
玄武岩溶岩
火山砕屑物
マントル
沈み込み帯での火山活動
島弧・大陸
海面
大陸斜面
プレート
海溝
マントル
地殻
マグマ
ホットスポットの地形
海面
プレート
海底
マグマ
プレート
火山活動の場所は動かない
マントル

火山地形の変化

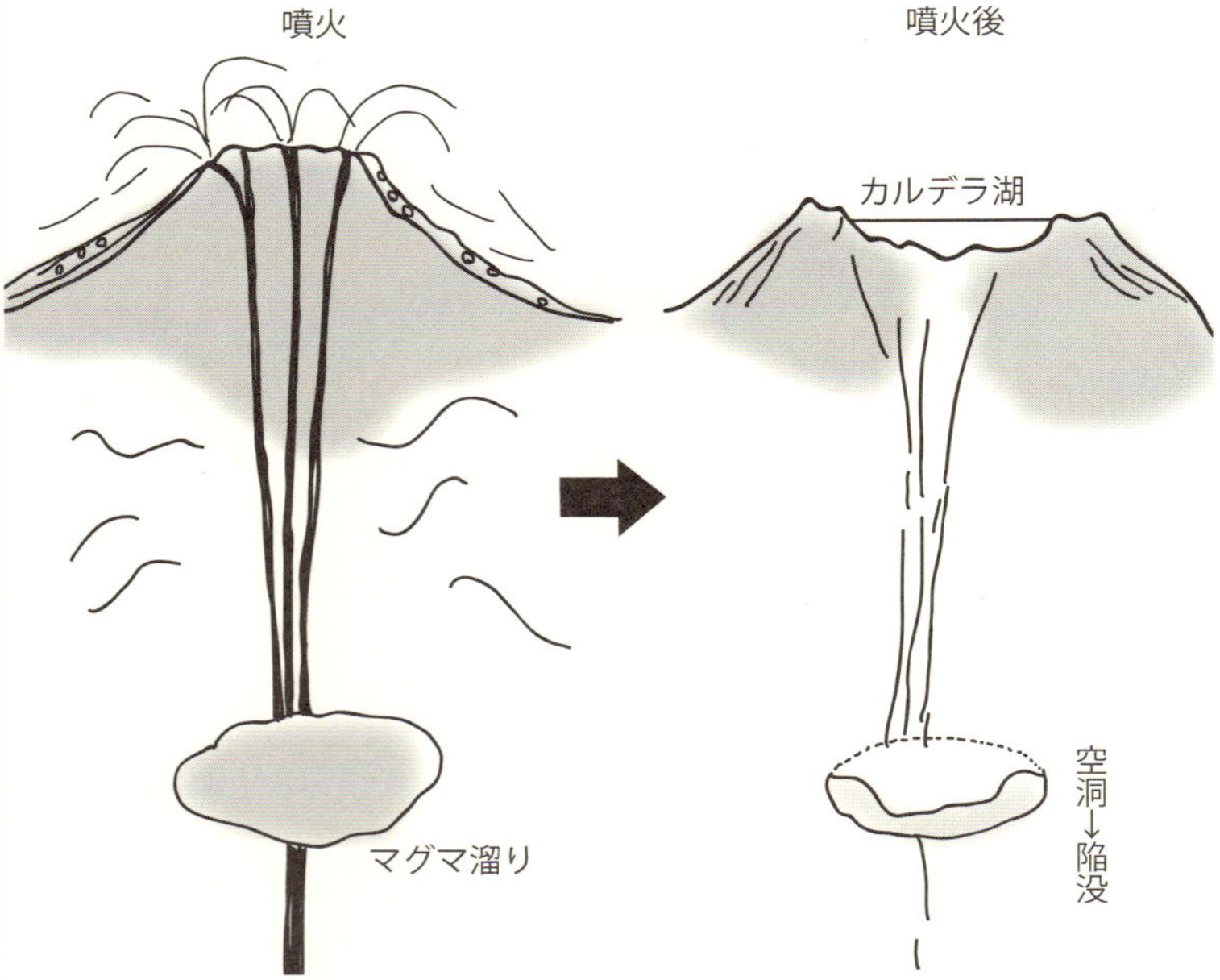

桜島の噴火

す。約１０００キロメートルの南の西之島は２０１３年以降の噴火活動が続いていて、面積は２・72平方キロメートルと大きくなりました（２０１８年現在）。西之島（東京都）は海底比高４０００メートル、直径30キロメートルの大火山で、新しい地形がつくられているのです。

もう一つの火山の噴火のタイプはホットスポットです。マントルで部分的な溶融が起こり、マグマが発生し、プレートを突き破って火山活動がおこります。ハワイ諸島がこの例の一つです。ハワイの楯状火山のキラウエア火山は約10万年前に海面上に顔を表し、活動が続いています。

火山活動によって、地形が変化し、新しい地形が形成されます。火山に伴い湖が生まれ、火山周辺の地形も変わります。噴出物が火山周辺に堆積し、火山爆発に伴う地震によって、堆積物が山崩れや土砂滑りを引き起こし、地形を大きく変化させます。

桜島の黒神埋没鳥居「腹五社神社」

１日の噴火で軽石や火山灰で3mの鳥居が2m埋まる。

13 岩石の違いで地形も変化する

岩石には3つの種類があります。堆積岩、火成岩、変成岩です。これらの風化・侵食は地形に反映されますが、岩石の固結度や地質、時代などの要素を含めて違いが現れてきます。したがってどんな堆積岩でも、風化・削剥しやすい、というわけではありません。堆積岩も若い時代（第三紀）の砂岩と古生代の砂岩では若い時代の砂岩のほうが風化・侵食がはやく、また砂岩でも石英質であれば硬くなり、風化・侵食がされにくくなります。チョークは軟らかいため風化侵食に弱く、珪質のチャートは強い、という特徴をもちます。

岩石の違いで地形は変化しますが、その場所の地質構造にも関係します。泥岩と砂岩の互層が露出していれば、泥岩の侵食が進んで凹み砂岩が凸となり地表面は凹凸の繰り返しとなります。また平原に小山があるところでは、山は花崗岩の貫入したドームで花崗岩を被覆していた若い時代の堆積岩類が侵食され削剥され、花崗岩が露出して岩石の違いが反映された地形がつくられています。

岩石海岸に行くと、露出した岩石が波による侵食を受け、侵食されやすい岩石と侵食されにくい岩石とで侵食の違いが現れ、彫刻かレリーフのように様々な形の立体の凹凸をつくります。

このような奇岩といわれる侵食地形を世界各所で見ることができます。凝灰岩や砂岩など比較的風化・侵食されやすい岩石にキノコの形や人物、橋な

岩石の相違と地形

ど奇岩がつくられます。同じ岩石の中でも軟らかいところが、風化侵食されていきます。トルコの世界遺産カッパドキアは、凝灰岩からなり大規模火砕流堆積物です。「シラス」で軟らかいため様々な奇岩地形を生み出しており、大観光地です。地下には10万人もの人が生活したトンネルがつくられています。

岩石の違いによる大地形は少ないですが、フォッサマグナは糸魚川構造線の東側が侵食されており、西側が北アルプスの大山脈になっていきます。これは岩石の相違の違いがつくる大地形といえます。

岩石の違いは、時代、岩石の構成鉱物、岩石の固結度、岩石の存在する環境、地質を構成する地層の組み合わせ、気候、被ってきた構造変形、変成作用など様々な要因が岩石の風化、侵食に影響を与え、地形に反映されていきます。したがって岩石の違いが地形に変化を与えますが、あくまでも相対的な違いであり、周囲との関係も重要になります。

14 がけ崩れ、地滑りで地形が変わる

台風や地震、火山噴火、豪雨などで、山間地や山岳地では崖崩れ、地滑りが引き起こり、甚大な被害が発生します。この崖崩れ、地滑りでも地形が変わりますが、多くは微地形です。

崖崩れとは、斜面上の土砂や岩塊が安定性を失い、崖が崩落することです。斜面地形の変動で、急傾斜地に引き起こります。また、火山灰やシラスなどの火山噴出物に被覆された台地のへりのようにところにも発生します。崖崩れでは亀裂が発生したり、地形の段差が生じたり、樹木の傾きなどの変化や湧水が変化したり、山鳴りが発生したりなど前兆現象が見られます。

2018年7月に起こった西日本豪雨では土砂災害が多発しました。広島県南部では7千カ所以上で崖崩れや土石流などの斜面崩壊が発生し、深刻な自然災害となりました。

地滑りも斜面地形の変動です。斜面の一部あるいは全部が重力によって（斜面の土砂や地層が地塊となって）斜面下方に滑り面上を移動します。滑り面は地質的不連続面で、滑り面がない崖崩れとは相違します。滑り面は、固さの異なる地層の境界などに形成されやすく、地滑りを起こします。2018年9月に起きた北海道胆振地震の厚真町の地滑りは、基盤地層を被覆していた軽石層が地滑りを起こしました。

地滑りを起こしたところの微地形は、引っ張りや

圧縮による地盤の変形がおこります。凹地・小丘などの微地形が地滑り地の特徴です。

地滑りは、世界中で発生してます。傾斜が急な山が多い日本では不安定斜面や急斜面において、台風や大雨、地震等が引き金となって、がけ崩れや土石流、地滑りなど地形的・気象的な条件によっての土砂災害が発生しやすい国土環境にあります。土砂災害が発生するおそれのある区域は、日本全国で約66万区域にのぼると推定されています。

崖崩れでの地形変化

崖崩れと地滑りの比較

崖崩れ	地滑り
斜面崩壊	
●山や崖の地肌や岩石が崩れ落ちる ●角度30度以上の斜面が急に崩れ落ちる ●スピードが速い	●斜面を土や土砂が滑りだす ●ゆっくりと移動 ●上に重なる土砂を浮かせるように動く
長雨や豪雨、雪解け水、地震などが要因。規模は地中に含まれる水分の量に比例	

15 気候によっても地形は変化する

地形は、気候の影響を強く受けます。また気候の影響を受けて地形が形成されます。それぞれの地域においてその地域の気候に応じた地形が形成されています。

砂漠地域であれば、乾燥した気候で、温度差が著しく、岩石もその影響で壊れ、礫や砂になり、風によって運搬され、砂丘がつくられます。チリのアンデス山脈と太平洋の間にあるアタカマ砂漠は、平均標高は約２０００メートルと高山の砂漠です。世界で一番乾燥するアタカマ砂漠には干潟地形、塩の山など様々な地形がつくられています。40年間まったく雨が降らなかった地域もあります。不毛です。これはナスカプレートが南米プレートの下に沈み込むことによって形成された初期造山運動によるアンデス山脈盆地型高地砂漠です。

氷食気候地域であれば、氷河の流動によって岩盤が削られ剥ぎ取られ、研磨されて、氷河地形が形成されます。フィヨルドは削り取られたU字谷に海水が入り込んだ地形です。削り取った岩屑は氷河の表面や内部に入り下流で氷河が溶けていくと堆積していき、モレーンという波状の小丘の堆積地形をつくります。

このような極端な地形だけでなく、気候の影響を受けた地形がいたるところにあります。侵食も風や雨の作用ですから気候に関係します。地滑りやがけ崩れを起こす豪雨も気候変化からきます。

気候による地形の変化

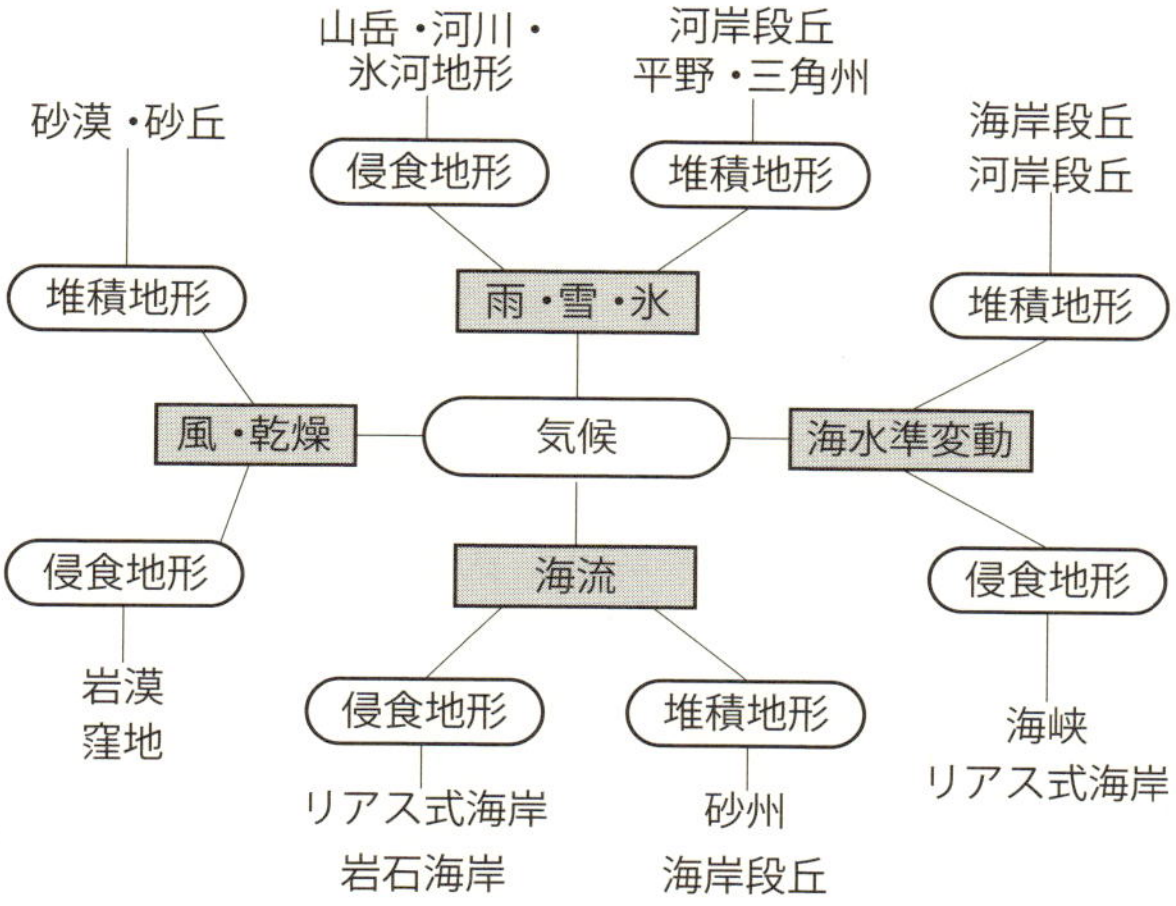

地形は地球内部からの力と外部からの力によります。雨も、乾燥した空気も風も、太陽の光と大気圏を起源とする外的な力です。地形形成の風化、侵食、運搬、堆積のプロセスにとってこの気候の外的力は不可欠で太陽エネルギーが気候を左右しますから、気候による地形の形成は太陽が起源とみることができます。

堆積する場所も海水準の変化に関係しますから、海水準の変化によって海退、海進が起こり、地形を生み出していきます。過去から現在にいたるまで、気候と地形は密接な関係を保っています。

「気候地形学」という学問分野があります。気候地形発達史の研究によって、地形形成期を明らかにし、現在の地球上にある地形を分析していきます。

気候がなければ地形は地球内部のエネルギーによって生まれる火山の噴火に伴う地形や隕石の衝突によるクリエータぐらいでしょう。地球内部の力と気候のような外部の力が連携し様々な地形が生まれます。

Column

柱状節理が生み出す地形

フィンガルの洞窟は英国スコットランドのインナー・ヘブリディーズ群島の無人島、スタファ島にあります。玄武岩中に形成された柱状節理が発達した海食洞です。全体に六角柱の柱状節理です。メンデルスゾーンは1829年にこの無人島を訪れ、洞窟の中の不気味なこだまに触発されて、石柱や海の動き、逆巻く波を描写しました。「大聖堂の屋根のように高い玄武岩の柱だけでできており」とスコットランドの小説家ウォルター・スコットは表現しています。また印象派の画家ターナーも1832年に「スタッファ島、フィンガルの洞窟」を描いています。柱状節理の景観は、作曲家、小説家、画家を魅了しました。そして今では「フィンガルの洞窟」は観光地として有名です。

火成岩の節理は，熱いマグマ（約700～1000℃）から玄武岩など火山岩に固まるとき常温で冷える過程で体積がわずかに収縮するためにできます。節理の方向はその冷却面に直交する方向にできやすいようです。節理には主に柱状節理・板状節理・方状節理があります。柱状節理は火山岩の露頭にしばしば見られ、節理柱の断面は規則正しい6角形が多く、ほか4角形・7角形などの不規則形もあります。断面の大きさは10cm～1m程度です。北アイルランドのコーズウェイ海岸は、全長8kmに渡って4万本もの石柱が並ぶ絶景です。米国ワイオミング州北東部にある柱状節理のデビルズ・タワーは、映画『未知との遭遇』でのUFOの着陸場所です。

日本の各地でも見ることができ、長野県佐久穂町板石山（安山岩）、秋田県筑紫森岩脈（流紋岩），福井県東尋坊（安山岩），福岡県芥屋大門（玄武岩）などが、天然記念物にもなっており、柱状節理が生み出す地形の名勝地です。

第3章

地形の種類はたくさんある

16

たくさんある地形の種類
——日本は地形の宝庫だ

地形は、規模によって大地形、中地形、小地形、微地形の４種に分類されています。また地形は成因に基づいて分類されています。地形は内的な作用と外的な作用で形成されますが、多くは両者が混在して形成されています。これまでにも説明しましたが、内的作用では変動地形や火山地形です。外的作用でできる地形は侵食地形や堆積地形です。

風食地形は、侵食作用の一種です。風が吹き付け岩石や地層が削られ、風が運ぶ砂粒によっても岩石地層が侵食されて地形ができます。砂が堆積し、砂砂漠や砂丘もつくります。風食は砂漠化の要因にもなります。

侵食地形は、水や風の働きで形成される地形ですが、むろん内的作用もかかわっています。侵食地形は、川（渓流や沢、分流）、川床、川原、中州、滝、泉、侵食台地、ケスタなどたくさんあります。カルスト地形、鍾乳洞、谷、V字谷、峡谷、崖、河岸段丘も侵食地形です。山や山地、山脈、台地、高原、あるいは丘、丘陵も起源は地球内部のエネルギーの影響でできた地形に侵食が加わって形成されました。運ばれてきた礫や砂の堆積を含めると沖積平野の地形である扇状地、氾濫原、三角州も自然堤防氾濫原も侵食され堆積された地形といえます。

海岸・海底地形では陸地の近くで湾、灘、入り江、海峡、リアス式海岸、多島海、砂浜、砂州、干潟、海岸段丘、半島、岬が形成されます。珊瑚礁、

成因が重複する地形

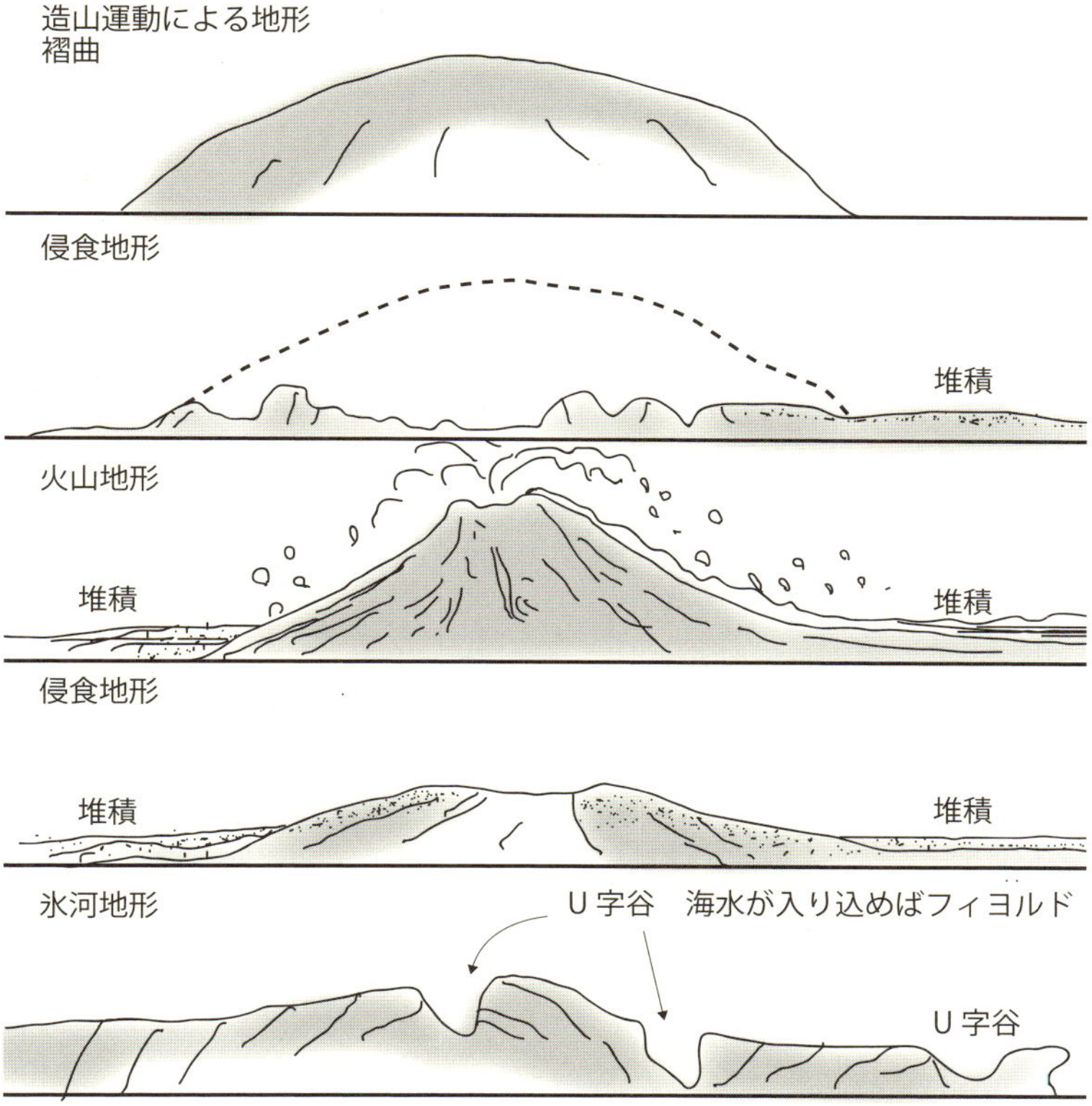

- 地形はどこにでもできる。同じ場所でも時代とともに地形が変化
- 形成された地形に成因の異なる地形が形成される
- 地形をよく見ると複数の成因の地形が重複する
- 造山運動で褶曲ができれば、侵食が始まる
- 侵食地形に火山が噴火すれば、堆積地形もできる
- 氷河時代から温暖化気候になれば、氷が融け始め氷河が岩盤を削り氷河地形が形成されていく

礁湖（礁池、ラグーン）、大陸棚も陸域の近くか海洋で見られます。海底では海台、海嶺、海盆、海底谷、海溝、海山、岩礁、海底扇状地、深海平原が形成されていますが、見ることはできません。また深海底の火山帯では溶岩台地、盾状火山などもつくられます。

氷河地形ではU字谷、フィヨルド、モレーン、氷床、氷原、氷山などが地形の特徴ですが侵食や堆積でつくられます。

火山地形は環太平洋など造山帯では海溝と火山帯が並行して形成されています。火山地形として成層火山、楯状火山、溶岩台地、火砕流台地、カルデラ、爆裂火口、マール、火山砕屑丘（火砕丘）、溶岩ドーム（溶岩円頂丘）が形成されます。氷河底火山、海底火山も火山地形に含まれます。

構造地質の分類での安定陸塊（クラトン）造山帯、卓状地、楯状地、傾動地塊、断層、褶曲、向斜、背斜など全て地球内部のエネルギーにより形成される大地形で、これらが侵食、さらなる構造的力で様々な地形がつくられます。

日本列島は、長さは3500キロメートルです。陸地面積の70％が山地、山麓です。日本では日本アルプスと、北海道の日高山脈に氷河がありました。砂漠はありません。ほかの地形は日本にほとんどありません。日本は造山帯ですから地形は地殻の変動による地形と火山の活動による地形、および河川など侵食と堆積で形成される地形で特徴づけられています。地球上に確認されている火山の10％程度が日本列島に存在しています。

したがってあらゆる地形が日本に見られ、〝地形の宝庫〟といえるでしょう。ただしアフリカ大陸やユーラシア大陸、シベリアなどのように広大な低地・平原・高原が広がっている、安定大陸の卓状地や楯状地は存在していません。

17 石灰岩特有の地形 ——カルスト地形

たくさんの白い塔が乱立しているような景観をつくるカルスト地形は、石灰岩特有の地形です。石灰岩は水に溶解しやすい岩石です。地表水、土壌水、地下水雨水などに大地の石灰岩が少しずつ水に溶けてつくられる地形が形成されます。溶けていくことを溶食（化学作用による侵食）といいます。石灰岩の主成分である炭酸カルシウムが溶かされます。石灰岩だけでなくチョーク（白亜）や泥灰岩、白雲岩（ドロマイト）などの炭酸塩岩なども溶食によりカルスト地形が形成されます。石膏岩、岩塩などの蒸発岩にも溶食性の地形ができます。

カルスト地形は、中央ヨーロッパのスロベニアのカルスト地方に由来します。中生代の海に堆積した厚い石灰岩がアルプス造山運動に隆起し溶食が始まりました。世界の石灰岩地域にはカルスト地形が形成され、美しい景観をつくるため世界遺産に登録されたカルスト地形もあります。

石灰岩で覆われたカルスト地形が発達するスロバニアでは溶食によるドリーネ、ウバーレなどカルスト地形を構成するくぼ地やシュコツィアン洞窟群と呼ばれる地下水の溶食による地下の鍾乳洞が発達しています。大規模な地下渓谷や石灰段丘、巨大な石筍が連なる空間があります。このほかバルカン半島、中国の雲南省などにカルスト地形が多く、路南石林などの奇怪な地形がみられタワーカルスト（桂林）の名勝となっています。世界には多くのカルス

カルスト地形

●雨水が石灰岩を溶かし、石灰岩が侵食される

ト地形が分布し、大地形の景観を見せています。日本にも中地形に相当するカルスト地形が、山口県秋吉台、福岡県平尾台、広島県帝釈(たいしゃく)台、沖永良部島（鹿児島）に分布しています。秋吉台には河流がなく、これにかわって地下水系が発達し、秋芳洞などの大鍾乳洞を発達させています。

カルスト地形はカレンフェルト（墓石状地形）、ドリーネ、ウバーレ、ポリエ、鍾乳洞からなります。カレンフェルト地表部では石灰岩が溶食され、石塔（ピナクル）が林立したように見えます。日本では、秋吉台や平尾台にカレンフェルトが広がっています。ドリーネは地表部にできるすり鉢状の凹地です。石灰岩の割れ目に雨水がたまって溶食されたりしてできます。鍾乳洞の天井の陥没の場合もあります。ウバーレはドリーネの連結で不規則な形状の凹地で、ポリエは盆地状の数百平方キロメートルにおよぶ凹地で耕地や集落が発達します。

18 美しい景観をつくるリアス式海岸の特徴

リアス式海岸はリアス海岸とも呼ばれています。入り組んだ狭い湾や入り江によって複雑な地形をつくります。海面上昇や地盤沈下を繰り返すことによって形成されました。切り立った断崖が河川により侵食され、地形は断崖と谷が連続しています。すなわち侵食で多くの谷の刻まれた山地が、地盤の沈降または海面の上昇によって沈水し、複雑な海岸線をつくります。標高差は場所によって相違しますが、ふつう数百メートルで美しい景観をつくります。なおスペインのガリシア地方にある入り江の名前がリアスの由来で、riasはスペイン語で深い入り江の意味です。

三陸海岸のリアス式海岸は青森県八戸市から宮城県の金華山までの全長約６００キロメートルに達します。中間の釜石市付近を境に北部は数百メートル級の断崖が続いている隆起海岸です。南部は瀬戸内のような光景が続く沈降海岸です。

河川から栄養分豊富な水が流れてくるため養殖に適した海にもなっています。また外海に比べ穏やかな海で、良港です。地形的に断崖と谷が連続しているることから各集落・港間の人や物流移動に舟が手段の地域も少なくありません。集落や港が沈降谷の入り江の奥にあるため他の強風や大波の影響を受けやすく津波となって甚大な被害をもたらします。

海底も陸地側の方が浅く、狭くなっているため津波は増幅され波高が高くなり大きな被害につながり

リアス式海岸の地形

●侵食された山岳地形が海退により沈降していき複雑な海岸線をつくる
●たくさんの入江・湾ができる

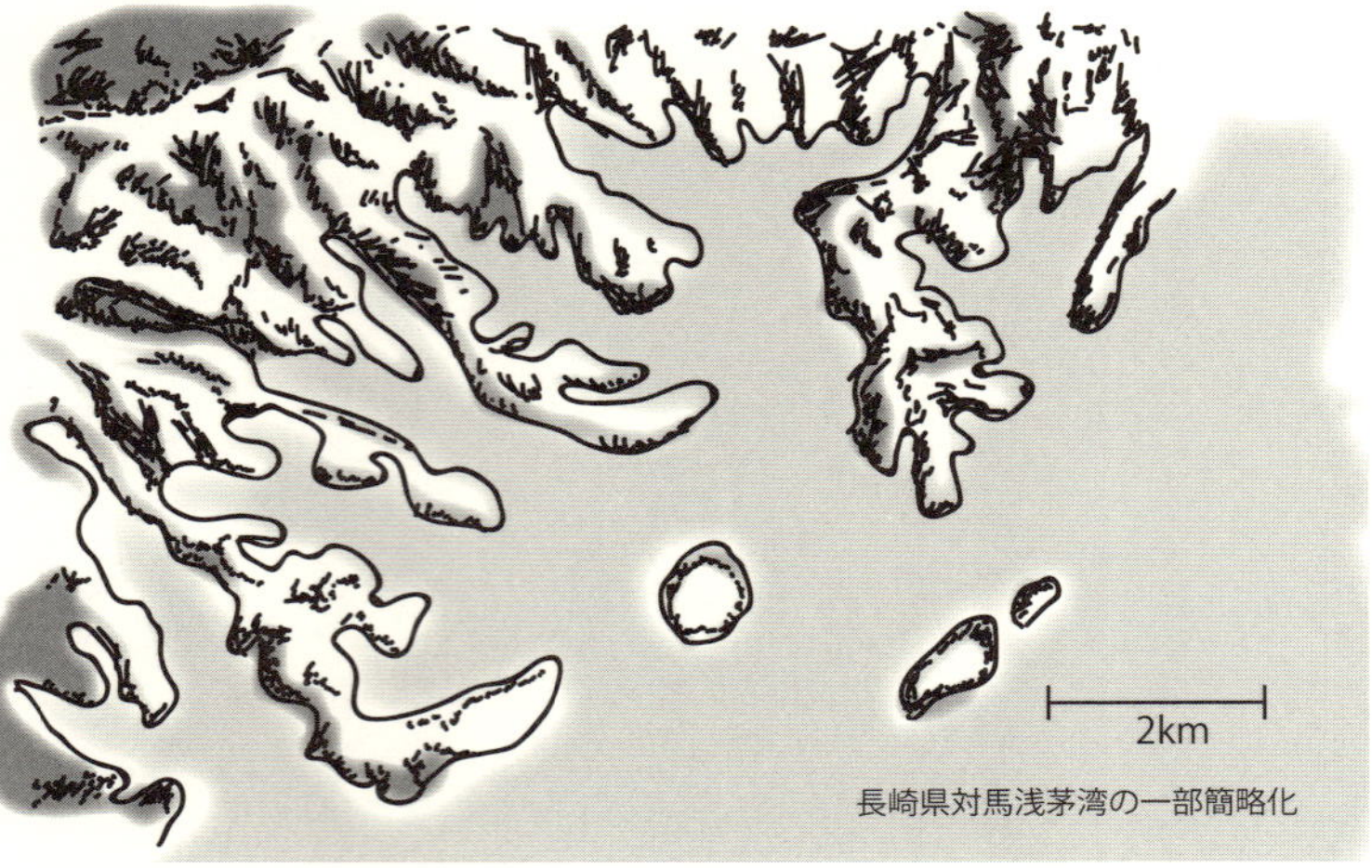

ます。東日本大震災時における三陸海岸沿岸は防潮堤を越える規模の津波が押し寄せ大きな被害となりました。

海外のリアス式海岸はクロアチアのダルマチア地方やマレー半島西岸で見ることができます。日本では三陸海岸のほか２０８の島がある長崎県の九十九島にあります。三重県志摩にも養殖真珠で有名な英虞（あご）湾に浮かぶ、60ほどの島々からなるリアス式海岸があります。このほか京都府若狭湾の奥の舞鶴湾、大分県から宮崎県にかけての日豊海岸の南端が日向岬（高さ70メートルの柱状節理崖がある）がリアス式海岸です。

リアス式海岸（リアス海岸）と似た海岸でフィヨルドがありますが、形成過程が異なります。リアス式海岸は河川の侵食で、フィヨルドは氷河による侵食です。

フィヨルドの特徴は、湾の入り口から湾の奥まで

リアス式海岸のでき方

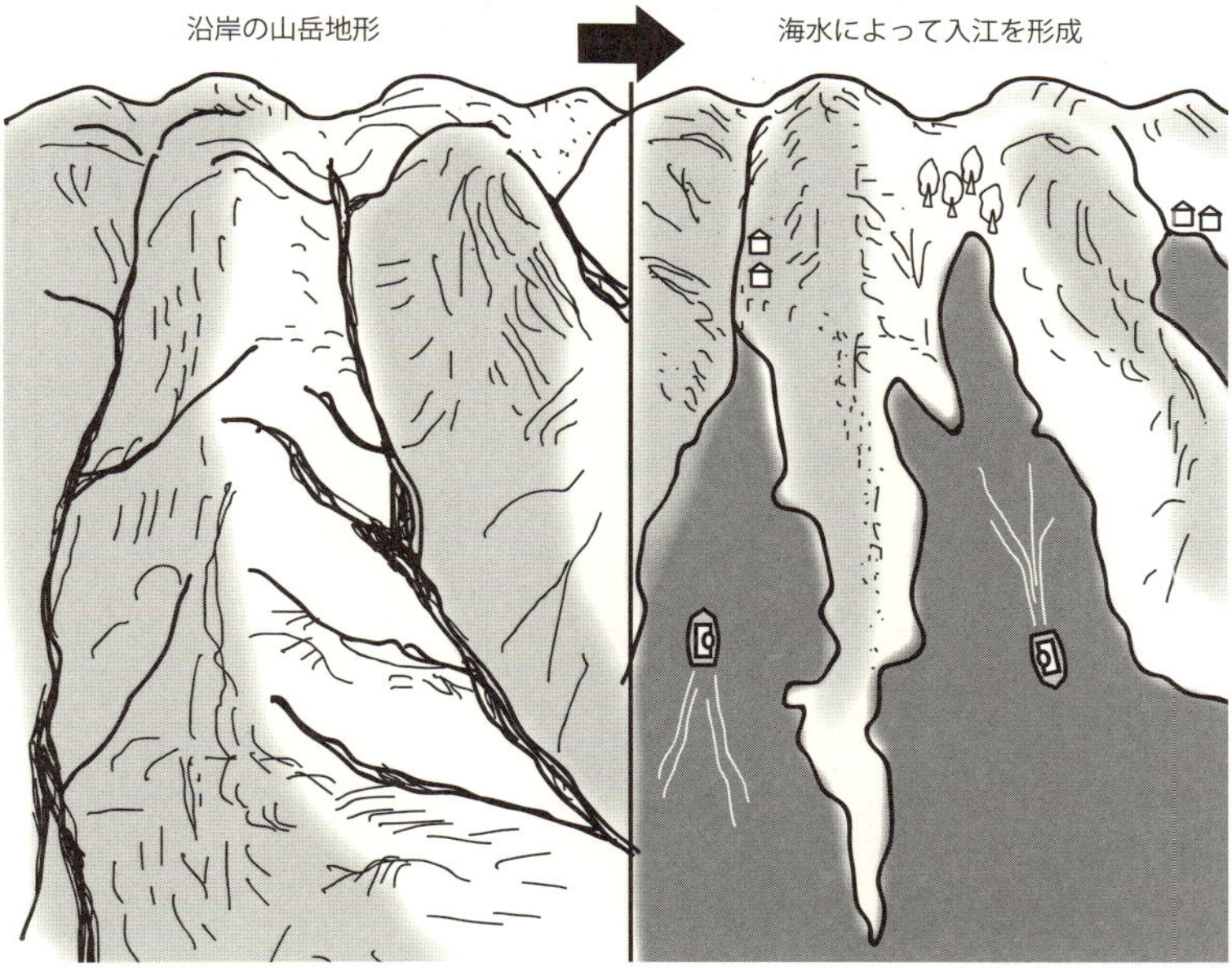
沿岸の山岳地形
海水によって入江を形成

湾の幅がほとんど変わりません。海岸線は断崖絶壁が多く、海底の地形はU字形をし、所によっては1000メートルの深さを超えます。フィヨルドはダイナミックな景観です。リアス式海岸も絶景で、両者とも観光地でもあります。氷による侵食と水による侵食で、異なった地形が形成されるのです。

日本には本当に美しいリアス式海岸が多いんだね

19 日本全国に分布する花崗岩がつくる地形

それぞれの地域における地形が位置している場や気候環境、地質構造によって形成される地形は相違ます。花崗岩は日本では日高山地、阿武隈山地、中国山地など日本の全域にわたり分布します。花崗岩は世界に広く分布し、安定大陸にも変動帯にも存在します。花崗岩は深成岩であり、地下深所でマグマからゆっくりと固結しました。地表に露出すると侵食が進み地形をつくります。割れ目が発達し、風化が進みやすい岩石です。花崗岩は多様性に富む地形をつくります。豪雨や地震で崩壊や土石流などの地形災害を発生させます。

侵食は割れ目や節理に沿いながら進みますが、地表に露出してからの時間、岩質、気候により様々な地形をつくります。

若い山地では、花崗岩からなる山は周りより侵食の進み方が早いため低くなります。また割れ目や節理に沿う侵食で凹凸を繰り返す地形をつくります。割れ目や節理の密度が小さいとなだらかな凹凸の稜線の地形となり、安定大陸では割れ目や節理の発達が少ないため平原や準平原をつくります。湿潤の気候環境では風化土壌化が進み、数十メートル下の深いところまでマサ（花崗岩風化の砂状の土）になり砂山となります。風化が進んだところでは山頂が平坦になるか高原になります。したがって花崗岩の創る地形は割れ目と節理の発達、風化が地形に影響を与えます。

花崗岩の特徴

項目	特徴
地形	●凹凸を繰り返す。山頂が平坦で高原地形 ●ながらかな凹凸の稜線をつくる
分布	●世界中に分布。安定大陸、変動帯にも存在
岩石	●硬く強い。結晶が大きいと巨晶花崗岩。等粒状組織 ●深成岩、マグマが固結。SiO_2多い。割目、節理が発達
風化・浸食	●温度差が大きいと風化進む。節理沿いに侵食されやすい ●風化により土壌化。地下数10 ~ 400mまで砂状（マサ）
崩壊	●地形災害を発生させる。崩壊しやすい ●亀裂や節理に囲まれた岩塊がすべる
構造	●安定大陸では準平原、平原をつくる ●造山帯では地殻に侵入し地層を変形させる

侵食される花崗岩

●英国コンフォール州デボン紀の花崗岩
●花崗岩体には節理が発達

20 地上と同じように火山や盆地がある海底の地形

海底にも陸上のように山や谷などの様々な地形があります。大陸棚以遠には大陸斜面が存在し、大洋沖合いの海底の大部分は水深が6000メートルの平坦な地形となっていて、陸上と同様に規模により大地形、中地形、小地形に分けられています。

水深5000メートル、平坦で盆地状の形態をしている大地形の深海盆底は大洋の中央海嶺と大陸縁辺部との間に存在し、深海平原の平らな海底で、海底下には堆積物が蓄積し、中地形の円錐形をした海山、中小地形の小さな高まりの海丘などの地形が存在しています。

大地形の中央海嶺は、大洋の中央部にあり、深海盆底から高さ2000メートル～3000メートルで1000キロメートル以上につらなる海底山脈です。中央海嶺の中軸部にはリフトという谷状になった凹地があり、マントルからのマグマの噴出口で火山活動が活発に起こり、新しい海底ができるところです。

大陸などの周辺にある大地形の大陸縁辺部は、大陸やその近辺の島の周囲の地域で、大洋の深部に向かって傾斜するところまでの大陸棚や大陸棚の外縁で大陸斜面および細い非常に深い溝となっている深さ10000メートルを超える海溝からなります。トラフは海溝よりも浅い海底の細長いくぼみで平坦な底の地形です。これらは大地形です。

海台は平坦な頂部で台地になり側面で急に深く

海底地形

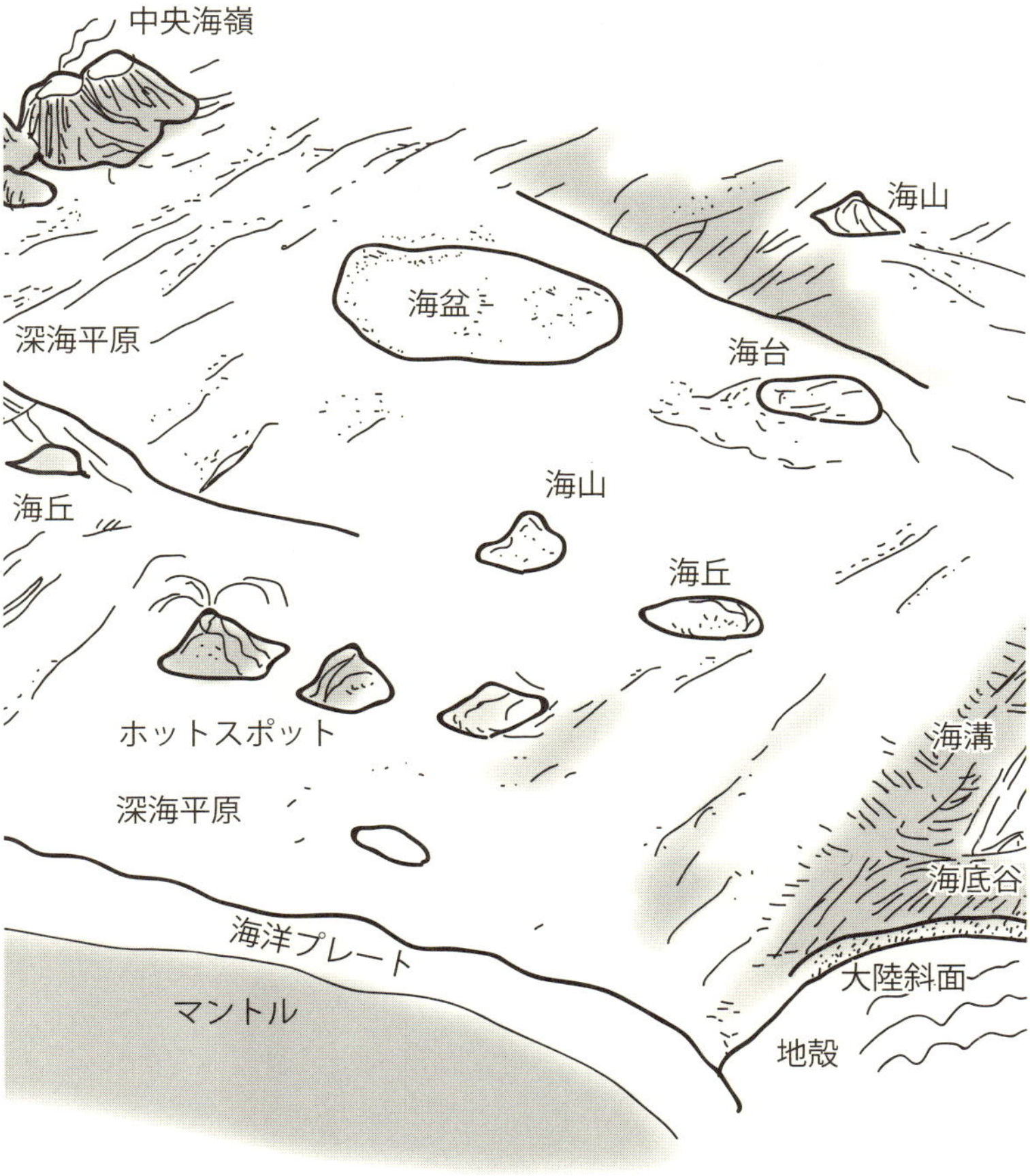
中央海嶺
海山
海盆
深海平原
海台
海丘
海山
海丘
ホットスポット
海溝
深海平原
海底谷
海洋プレート
大陸斜面
マントル
地殻

なっています。海底谷は大陸斜面に発達していま
す。

いずれも中~小地形です。このほか礁は海面に露出しているか海面近くにある岩です。瀬は水深の浅いところで堆は海底の高まりで海上の安全航行には十分な深さを持つ地形です。

海底の地形は大地形が多く陸上にくらべて傾斜がゆるやかです。海中での侵食が弱いためです。

海底地形の調査は、19世紀後半から行われ、150年以上の歴史があります。点から線へ、面へと調査が拡大され、方法が開発されてきています。

水深100メートル以深では、99%の光が吸収されてしまうため、真っ暗闇です。電磁波も通しません。そのため海底の地形測量には音波を使います。水中を直進する音波の特性を利用したソナーシステムが開発されました。

ドイツでは20世紀前半の海底地形調査にシングルビーム音響測深で、船の航走時直下に超音波を送信し、海底からの反射音を連続的に記録する方法で地形断面を描きました。

1980年代のはじめ頃から、マルチビーム音響測深機が開発されてきました。扇状の音波を海底に向けて発信する海底面探査です。

海底にも何千メートルという深いところに地上と同じような火山や盆地、平原など様々な地形があるんだね！

21 ホットスポットの地形

マントルが上昇しプレートの下で温度を保ったまま圧力が減少し、固体のマントルの部分的な溶融が起こりマグマが発生し火山活動が始まります。マグマは噴出し、溶岩となり火山をつくります。マグマはプレートを突き抜け、地表や海底に湧き出します。世界で最もよく知られるハワイ島のキラウエア火山がホットスポットを代表する火山です。楯状火山で溶岩の粘り気が弱く、平たい楯のような形の火山です。

高温になったマントルが上昇するホットプルームが地殻を突き破って海であれば島をつくります。プレートは動いているので、島だけが移動します。

ハワイでは、ハワイ島、マウイ島、モロカイ島、オワフ島、カウアイ島と並んでおり、南東の島が大きくて、北西に行くほど小さくなっています。一番南東のハワイ島が現在も活動を続ける火山です。プレートの移動でマグマの供給源から切られ、火山活動が終息します。ハワイ型のホットスポットは断続的にマグマが流出します。海台型のものはだらだらと大規模に溶岩を噴出し、巨大な海台をつくります。太平洋のソロモン諸島の北にある巨大な海台オントンジャワの噴出規模は８０００万立方メートルです。

ホットスポットは米国イエローストーン、ハワイ諸島、ガラパゴス諸島、アフリカ大地溝帯、アイスランド、カナリア諸島など主に大洋に見られます。

ホットスポットの分布

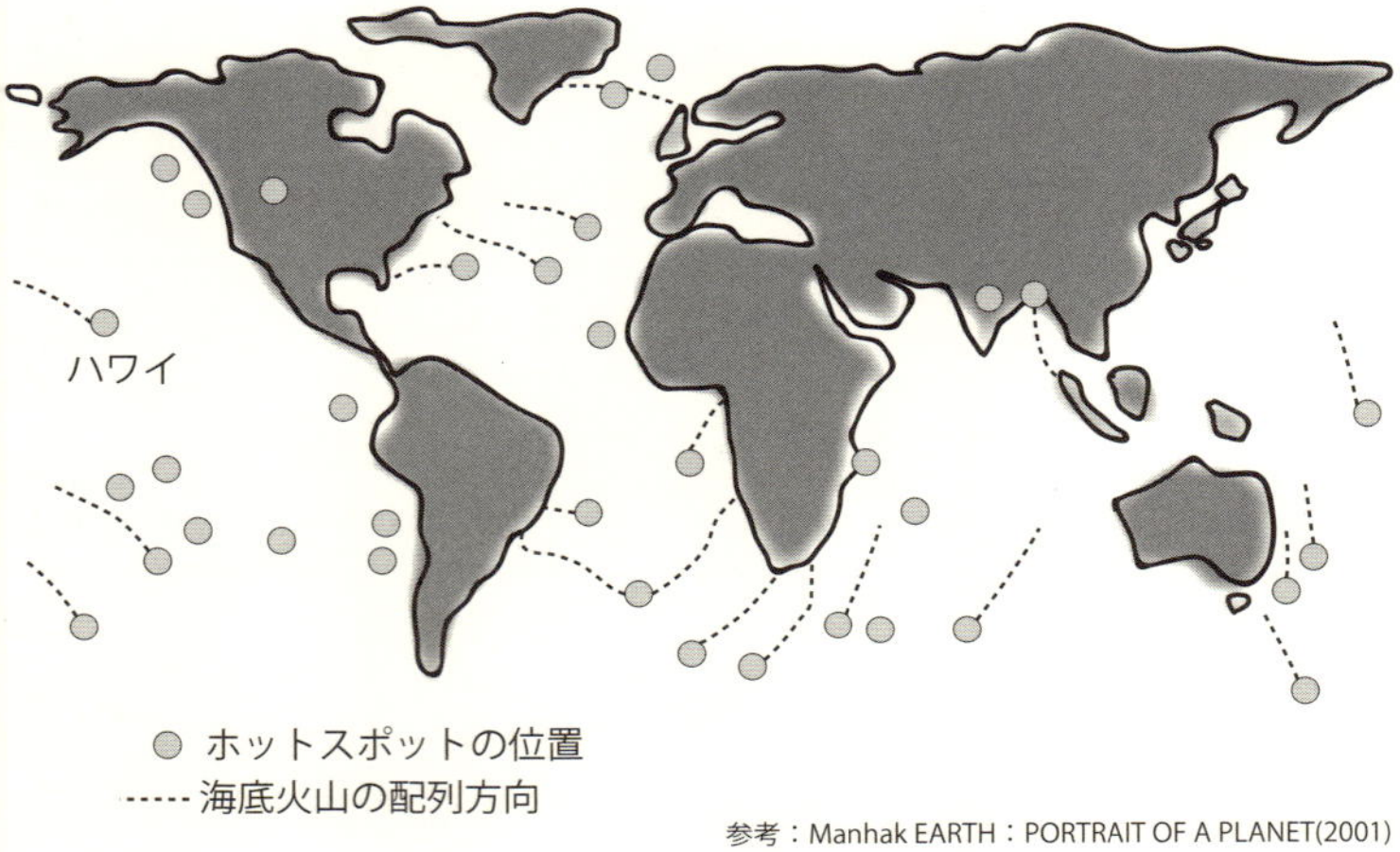

参考：Manhak EARTH：PORTRAIT OF A PLANET(2001)

ホットスポットによる火山の移動

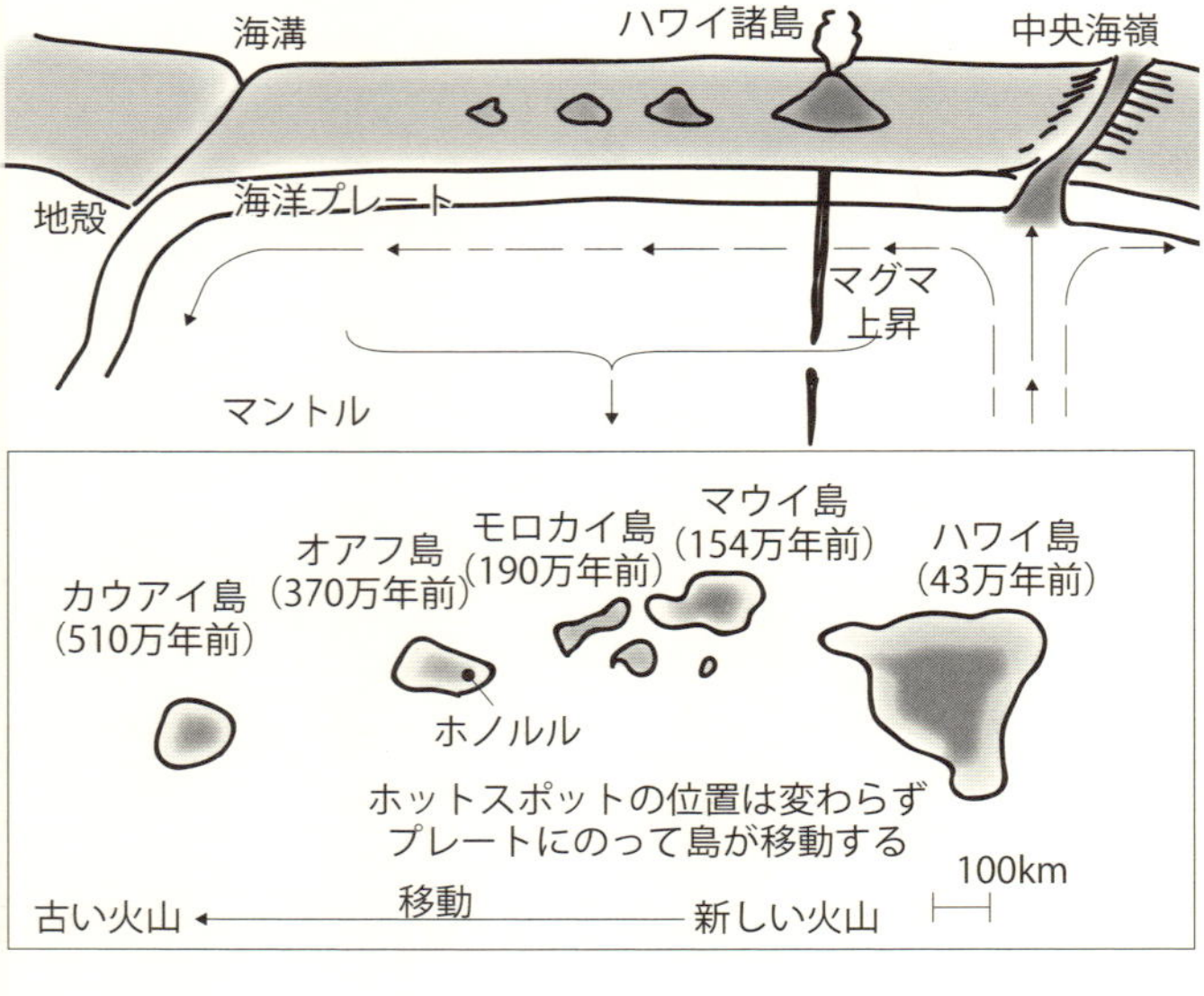

ホットスポット自体は動きません。火山島が移動すれば、また新しい火山がつくられます。

22 長い年月をかけてつくられた氷河特有の地形

氷河時代に地球の気候は寒冷化します。最後の氷河時代（第四紀氷河時代）は更新世の始まった260万年前から1万年前までです。

長期にわたり気温が低下し、大陸に降った雪が、積もり圧縮されて氷になった大陸氷床や氷河は拡大し巨大な塊氷となり、その重さによる圧力によって塑性流動します。氷河が動き岩盤を侵食し削り堆積して氷河地形が形成されます。高山域の氷河より規模が大きい氷床は地形の起伏を埋め尽くして大氷原をなし3000メートルを越す厚さにもなります。

大陸氷床、氷河は現在では南極大陸、グリーンランド見られます。第四紀の氷期に、スカンジナビア半島とその周辺や北米の五大湖周辺から北方の地域では、大規模な氷河に何回か覆われました。

氷河地形は、氷河の侵食と堆積作用により形成される地形です。氷河には山地氷河と大陸氷河（氷床）があります。山地の起伏に応じて形成された氷河は、内陸の高い所から低い海岸へと流動していきます。先端が海に流れ氷山となります。大陸氷河におおわれた陸地は、氷河の重さで沈下することもあります。氷床、氷河とも大地形～中地形です。

氷河上部の氷による荷重で部分的に融解したりしてすべりやすくなり、上部の氷全体が板状に流動し氷が流れていきます。1年間に数10メートル程度動きます。動きながら氷は岩盤を削ります。氷河の流動によって岩盤が削られ剥ぎ取られ、研磨され、氷

フィヨルドの地形

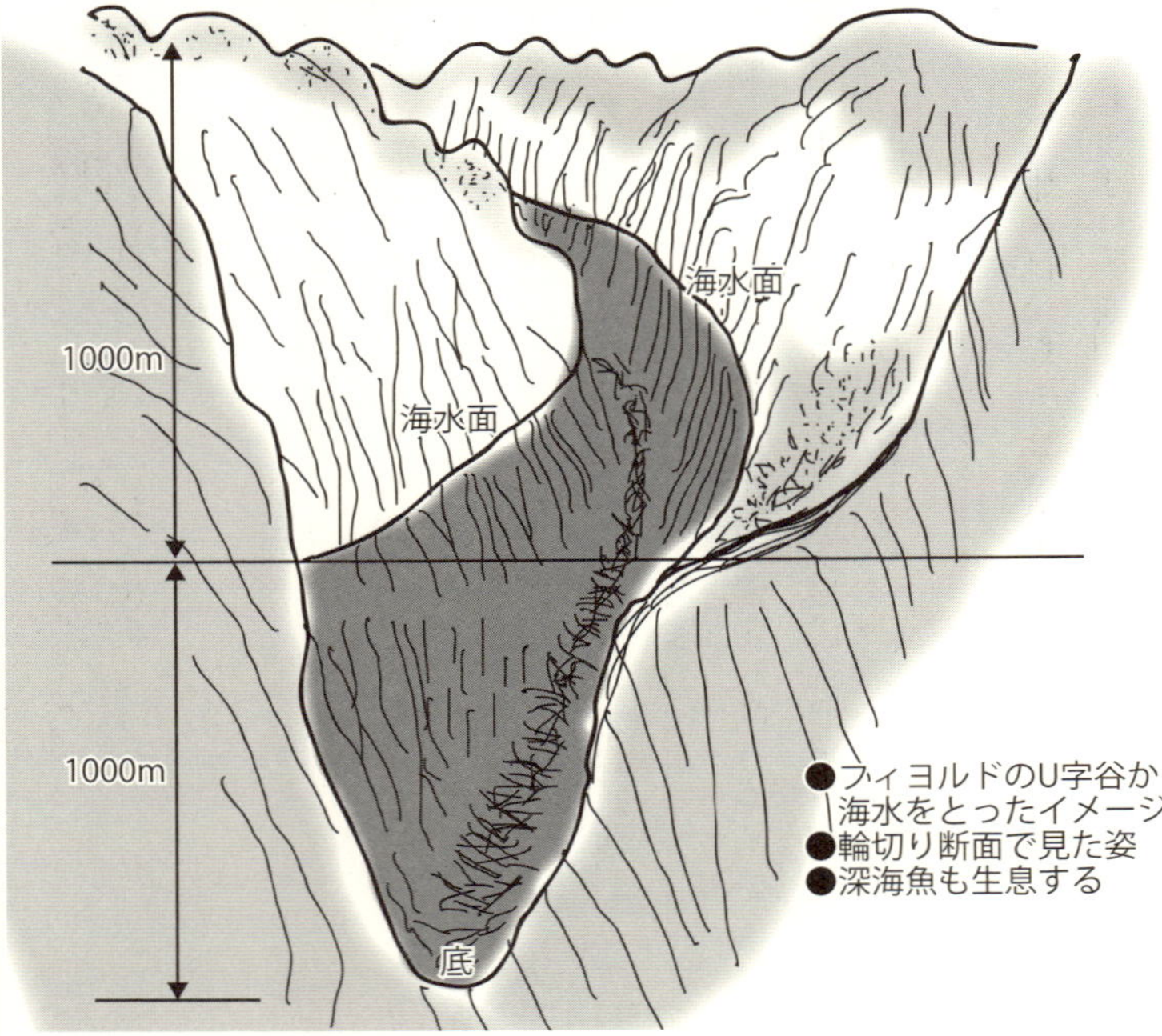

ソグネフィヨルド（ノルウェー）

河地形が形成されます。削剥された岩屑は動く氷河によって運搬されていきます。そしてこの岩屑が堆積し、地形を形成します。急斜面の谷壁と広い谷床を持つU字状の地形が形成されますが、沈水した場合はフィヨルドといいます。フィヨルドは削り取られたU字谷に海水が入り込んだ地形です。横断面がU字に近いことからU字谷といいます。削り取った岩屑は氷河の表面や内部に入り下流で氷河が溶けながら堆積してモレーンをつくります。波状の小丘の堆積地形です。

また氷河が流動していくと岩盤をえぐり、くぼ地をつくります。スプーンでえぐったような地形です。これは圏谷（けんこく）といいますが、ドイツ語ではカールといいます。

トラフは細長い箱という意味ですが、細長い窪地は谷氷河の侵食によってできた谷地形です。幅ひろい谷底と急傾斜の谷壁からなります。谷底や氷床や氷冠（ひょうかん）におおわれていた岩盤上には、圏谷やトラフ谷に比べはるかに小規模な氷食地形がみられます。氷河の流動方向に対し、上流側が丸みを帯び傾斜がゆるく、下流側が先細りで傾斜が急な地形です。

約1万年前ですが、氷河時代の最終氷期の日本では、日本アルプス、北アルプスの飛騨山脈、木曽山脈、赤石山脈や北海道の日高山脈に氷河がありました。飛騨山脈の氷河地形の特徴は、北アルプスの中でも最奥部に山体の東斜面にカール（黒部五郎岳カール）が発達していることです。また鹿島槍ヶ岳などにU字谷が存在します。鹿島槍ケ岳（2889メートル）北東斜面にある長野県大町市のカクネ里雪渓は氷河です。また氷食作用によってつくられたピラミッド型の鋭い氷食岩峰も見られます。

このように氷河の侵食力は大きく、氷河地形は、侵食地形と堆積地形をつくります。

Column

ポーランドの砂州でできたヘル岬を訪問したブッシュ大統領

2007年、当時米国大統領のブッシュはポーランドを訪問しました。ドイツでのG8の後、ブッシュ大統領はカチンスキ大統領と面会し、ポーランドの琥珀の産地の港湾都市グダニスクへいきました。33㎞ほど離れた、ヘル半島の根元から東に砂州が伸び、先端が「ヘル岬」である観光地、保養地です。

「ヘル」はドイツ語に起源をもつポーランド語の言葉で、ドイツ語では「hela」といいヒト由来の最初の細胞株を意味しています。英語の「hell」（ヘル）の意味は「地獄」とか「地獄のような苦悩の場所」「修羅場」です。

世界で一番長い砂州は、クルシュー砂州です。全長98kmでバルト3国のリトアニア、ロシアの飛地であるカリーニングラード州にまたがっています。砂州の幅は、400mから、リトアニアの3800mまで、場所によってかなりの差があります。幅300m、最狭部の100m全長35kmのヘル砂州の3倍ほどの大きさです。ヘル半島の砂州とクルシュー砂州とは隣通しです。同じ湾にできた砂州でバルト海南部に面しています。

ブッシュ大統領のヘル岬訪問時、「ブッシュは地獄に行く」（Bush Go to Hell）と米国の新聞に大きく出たそうです。「アメリカ史上最低の大統領」といわれただけあり、かなり厳しい言葉が投げかけられました。ちょうどイラク戦争が激しくなりブッシュがイラクへの米軍の派遣を増やしたころでした。ヘル半島は全域が砂で形成されていますが、鉄道も道路もあります。

第4章

川や山、海は
どうしてできるのか

23 マグマによって形が変わる火山地形のできかた

マグマの噴出により多様な地形が形成されます（2章12項目参照）。火山のできかたは火山噴出のマグマの性質、とくに流れやすいか、流れにくいかという粘度で地形が左右されます。火山の地下にはマグマがあり、マグマが上昇して地表または水中に噴出し、火山地形が生まれます。噴火には、様々な様式（タイプ）がありますが、火山の基本形は３種類です。楯状火山、成層火山、溶岩円頂丘です。

楯状火山はマグマが柔らかく傾斜のゆるい地面や海底を流れていきます。するとゆるやかな傾斜の山体になりますが、デカン高原のような溶岩台地もこのタイプの火山です。ハワイ島の火山とともにホットスポットによる火山です。溶岩は玄武岩です。

富士山や伊豆大島の三原山などは成層火山です。マグマが少し硬いため溶岩、火山灰、火山礫が層をつくりながら累重し、円錐形の火山となります。溶岩は多くは安山岩です。

溶岩円頂丘（溶岩ドーム）はマグマの粘性が高い、流紋岩質で水飴状の溶岩が押し出されて、鐘（つりがね）の形をした地形を持つ溶岩ドームをつくります。ドーム高さは数百メートルに達することがあります。昭和新山や雲仙岳の平成新山がこのタイプです。地下にとどまったまま地面を押し上げ盛上がった潜在円頂丘をつくることもあります。

これらの火山のほか、カルデラは、火山の活動によってできた大きな凹地です。侵食されたものもカ

火山地形

	溶岩円頂丘（溶岩ドーム）	成層火山	楯状火山
地形	 潜在的円頂丘もある	 円錐状火山ともいう	
マグマ	←流れにくい（水飴状） ←SiO_2含有量多い		流れやすい→ SiO_2含有量少ない→
岩石	流紋岩	安山岩	玄武岩
例	雲仙岳、昭和新山、神津島、箱根山	富士山、キリマンジャロ（ケニア）、鳥海山	溶岩台地、ハワイホットスポットの火山。日本にはない

ルデラに含めます。大規模な噴火で、火山灰、火砕流、軽石、溶岩などの「火山噴出物」が大量に噴出し、空洞化した地下のマグマだまりに、地表が落ち込み陥没してカルデラが形成されます。陥没でへこんだ凹部ところをカルデラ盆地といい、水が溜まればカルデラ湖となります。カルデラの縁の尾根を外輪山といいます。陥没でつくられる地形です。

世界各地にカルデラはありますが、日本では九州中南部のカルデラ、阿蘇カルデラ、姶良カルデラ、鬼界カルデラ、加久藤カルデラ、屈斜路カルデラ（半分はカルデラ湖の屈斜路湖）などが代表的カルデラです。

このように火山活動によって、火山ができ、カルデラや湖が生まれ、噴出物によって周辺の地形も変わります。マグマの粘性で火山地形が変わりますが、マグマの粘性はシリカ（二酸化ケイ素SiO_2）成分の含有量によります。

24 高く隆起する山岳地形のできかた

「山岳」と「山」の違いはありません。いずれも周囲よりも高く盛り上がった地形のことです。「岳」は高くて大きい山というイメージですが、定義されていません。100メートルほどの小さな山にも「岳」がたくさん使われています。いずれにしても平地と比べ、高く隆起したところを山とか山岳といっています。起伏がしっかりとしていて、台地や丘陵などよりも高度が高いところです。峰は頂上や天辺といった高いところを示しています。この山が広い範囲に集まっているところが山地です。いくつもの山がたくさん連なっている山は山脈とよんでいます。

山には大きく分けて2種類あります。マグマが活動してできる火山の山と褶曲や断層など造山運動〈変動帯〉によってできる山があります。これらはプレートの動きによる造山帯での山のでき方です。このほか雨や氷、川の侵食作用で軟らかい岩石が侵食され、硬い岩石が取り残されて、山をつくります。侵食山地です。断層によって周囲よりも相対的に隆起した細長い地塊の地塁は断層山地とか地塊山地といいます。地層が、横から大きな力で押されるとしわがより、褶曲して山をつくり、いくつもの山がつらなった山脈を形成します。

長い地質時代の間に侵食により平になった大陸が安定大陸で、変動帯をとりまくように分布しています。平坦な地形で起伏が緩やかです。

地形輪廻

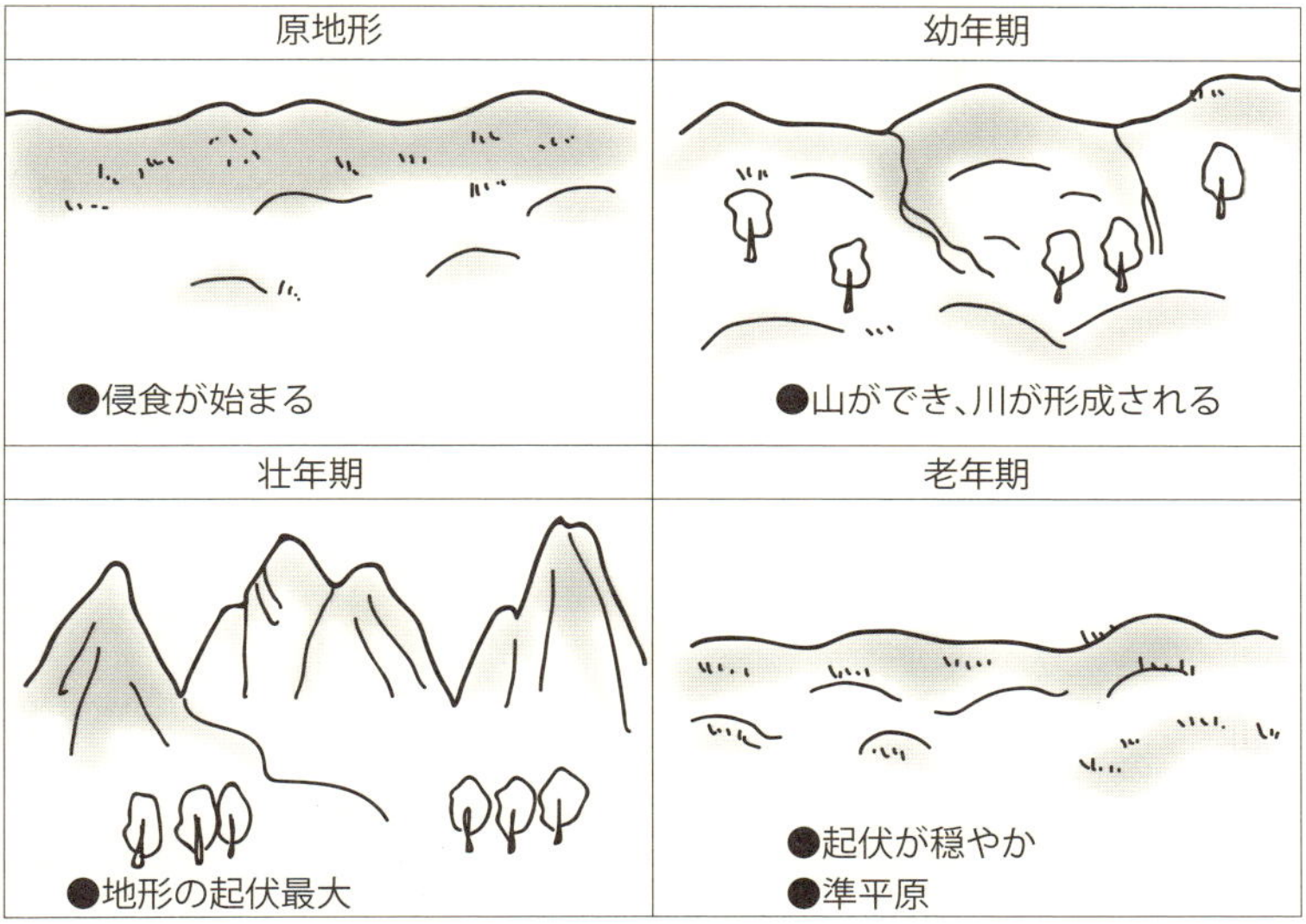

地形輪廻は、河川の侵食により地形が変化していく過程です。原地形が侵食を受けてV字谷となり、急流や滝を伴う幼年期地形になり、さらに侵食が進むと地形の起伏が最大となる壮年期地形になります。さらに侵食が進めば老年期地形で緩やかになり丘陵となり、準平原となっていきます。

インド大陸はユーラシア大陸と衝突し、ユーラシア大陸の下に潜り込み、ヒマラヤ山脈とチベット高原の巨大な高地をつくりました。ヒマラヤ山脈は、大陸の衝突により褶曲によってできた山です。

日本の北アルプスは太平洋プレートが北アメリカプレートの下、さらにその先のユーラシアプレートの下に潜り込むことにより、その力で形成されました。東西から大きな圧力を受け、褶曲により盛り上がってできた山脈です。そこに火山活動が加わりました。このように山岳は地球内部のエネルギーと侵食によってつくられます。

25 気候も大きく影響する河川のできかた

川は身近な存在です。河川も地球内部からのエネルギーによる造山運動の影響で形成されます。地表の盛り上がりが河川のできる条件となります。盛り上がりながら、外的な力である雨など気候による侵食を受け河川となっていきます。あるいは雪が積もり、氷となれば気候により氷河が形成され侵食が始まります。形成された河川は、さらに造山運動の影響を受け、断層により変形したり、流路が遮断されたり、川の形を変えていきます。また造山運動や気候変化により、海水面が変動し、海退、海進がおこり、河川の侵食作用、堆積作用で、河川に関係した地形（河岸段丘など）が形成されます。

傾斜があれば、河川を流れる水は地表面や川底を削り、砂や礫、泥を運び、それらを堆積させます。河川の地形は侵食、運搬、堆積作用によって形成されます。河川の上流、中流、下流それぞれで地形をつくりだします。上流では水の速い流れで谷がつくられ、峡谷を形成していきます。侵食力が強く山体は侵食され、V字谷を形成します。山岳地から平野部に入ると中流になり川の傾斜がかわり、運搬してきた土砂、礫を扇型に広げながら堆積し、扇状地を形成していきます。

下流になると大量の土砂の堆積によって沖積平野がつくられ、河川の侵食によって階段状の地形である河岸段丘が形成されます。河口部には上流から流れてきた砂やシルトなどの堆積物が集まりやすく大

河川の地形

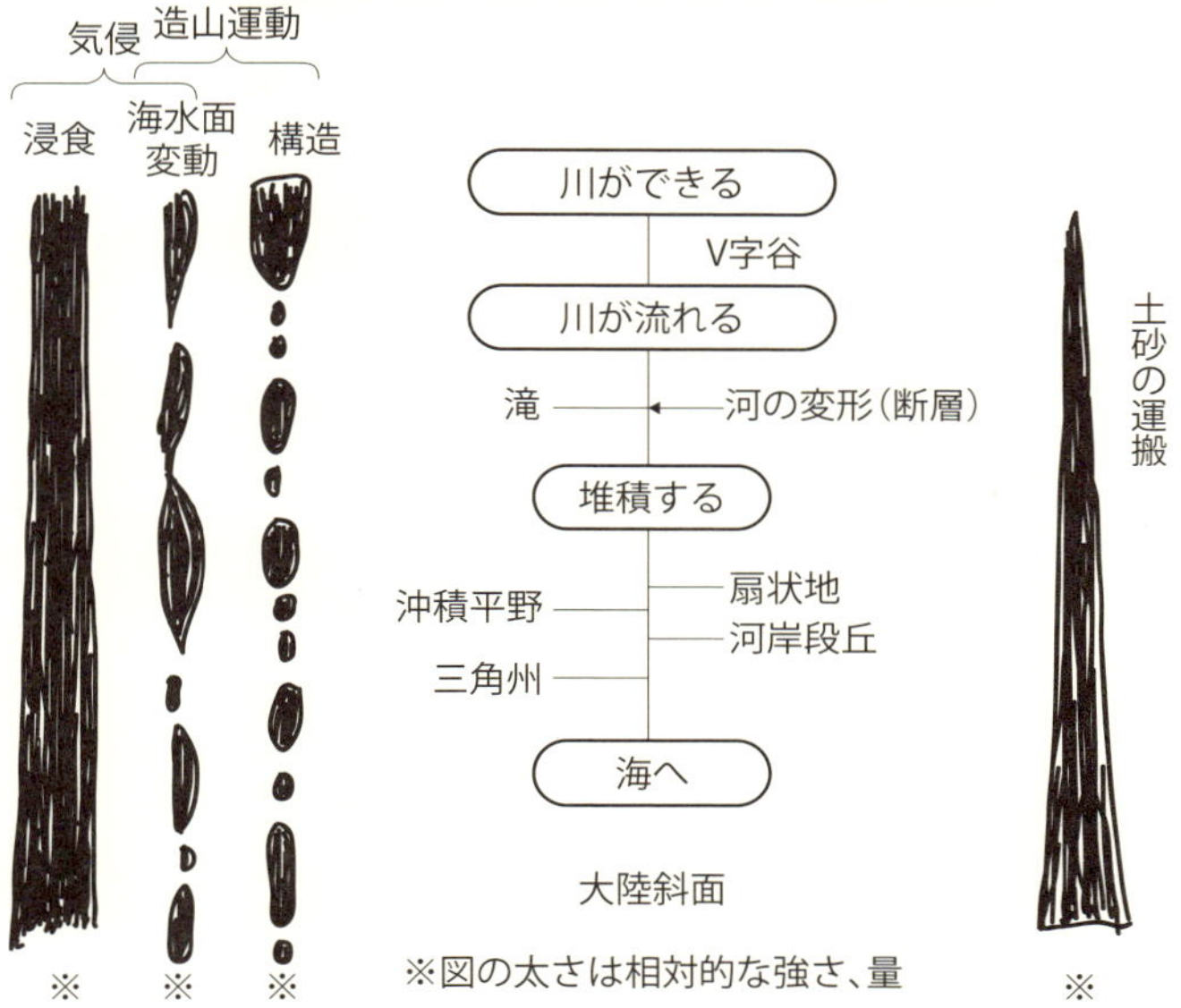

型の河川では三角州を形成していきます。水流によって川底や川岸の土砂や岩石を削りとり、下へ下へと流れていきます。河川は本流に各地からの支流が流れ込む水系という樹状構造をつくります。

河川は障害物や断層などがあれば、侵食と堆積を繰り返しながら蛇行しその水流の速度が速くなり、侵食し、河川が氾濫すれば、新しい流れが形成されます。河川の両脇には、昔の河川の跡の「河跡湖」(三日月湖)をつくります。

このように河川は地球の動きの中で、絶えず形成、変形をしながら流れていきます。しかし地球上の水の97%が海水です。陸の水はわずか3%です。そのほとんどが北極・南極の雪や氷です。降水は地表で河川に流れ込みますが地下に入り地下水となります。河川水は地球上の水の0・0001%にすぎませんが、重要な地球の水の循環の一役をになっています。

26
40億年前に誕生した海のできかた

地球を構成している物質は微惑星からきましたが、微惑星に含まれていた水が、微惑星が集まりぶつかり地球が形成されながら、マグマとなり、地表ではマグマの海が生まれ大量の水蒸気となって放出され、二酸化炭素とともに大気を形成しました。地球の生まれたての46億年前です。

大気が冷やされ、地表温度が下がり、地表のマグマは固化し岩石を形成していきます。雲が雨になり、地表はまだ熱く雨は地表で熱せられ再び水蒸気になり、地表温度がさらに下がり、大気中の水蒸気は雨になり台風のときのような土砂ぶりの雨になります。そのような大雨が、長い間地球上にふり続け、次第に海が誕生していきました。40億年前です。海には塩酸ガスや亜硫酸ガスが溶け、強い酸性でしたが、表層の岩石から溶け出したナトリウム、カルシウム、鉄、アルミニウムなどの鉱物の成分を海に溶かし込み陽イオンによって酸性の海を中和し、海水中に取り込まれた二酸化炭素は炭酸イオンとなり、海水中の陽イオンと化合しました。炭酸塩鉱物が海底に沈殿し石灰岩が生成しました。表層の岩石の温度も低下し、プレートテクトニクスが始まりました。

地球の表面は、海でおおわれ、地球のまわりに空気がつくられました。海水は、現在の海と同じものではありませんでした。海水は人間の体をとかしてしまうような液体でした。この海水は、少しずつま

海のできかた

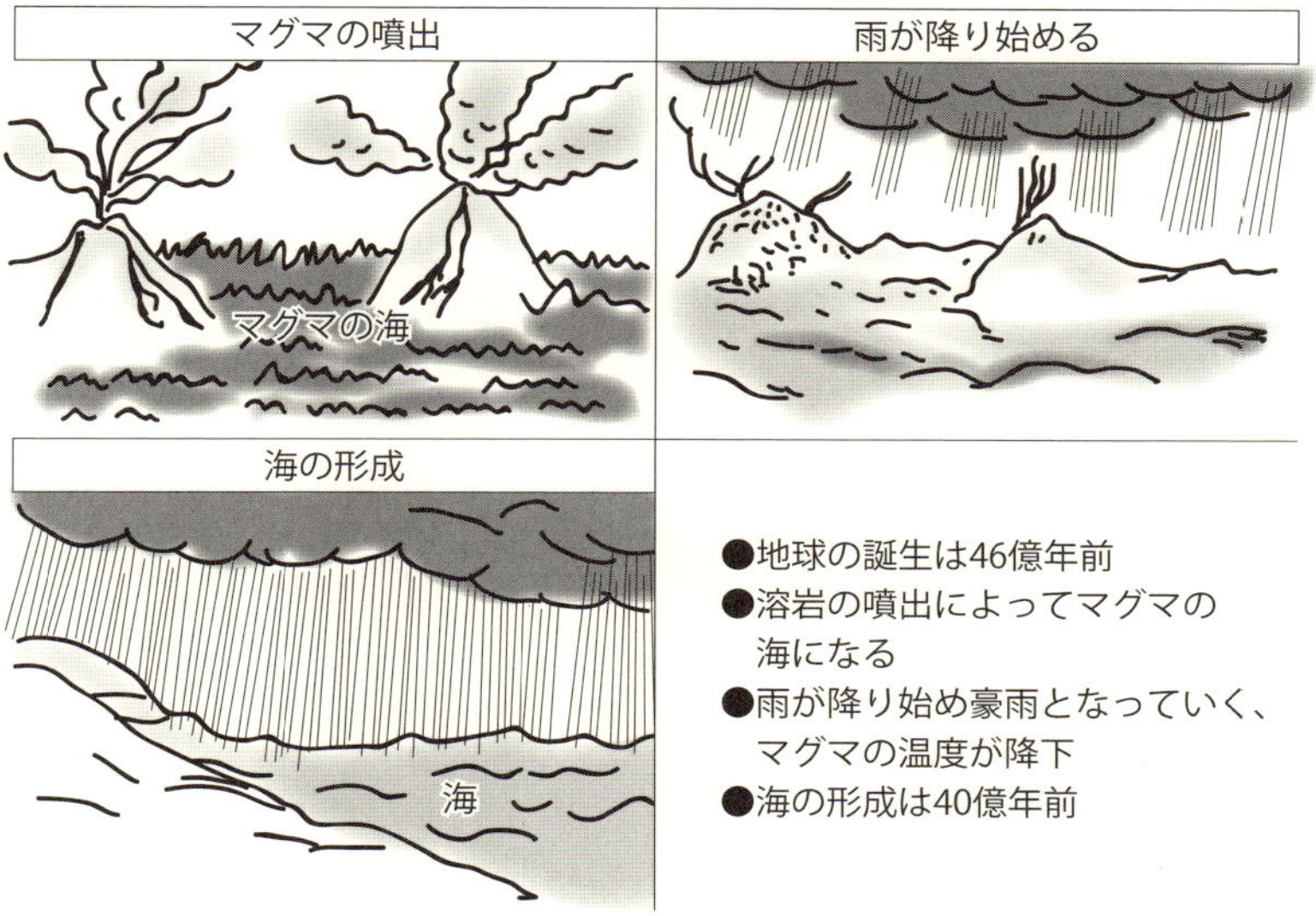

- 地球の誕生は46億年前
- 溶岩の噴出によってマグマの海になる
- 雨が降り始め豪雨となっていく、マグマの温度が降下
- 海の形成は40億年前

わりの岩石とまじりながら、だんだん現在のような海水に変わっていきました。

海の平均の水深は平均３８００メートルです。海中の山脈である海嶺や海台、大洋底に広がる海底平原、海盆や深海平原、谷、海溝、海底火山、島など地形自体は陸上ほど複雑ではありませんが、単調のようでも変化を持つ地形です。地球上の海底で最も深いのは太平洋のマリアナ海溝のチャレンジャー海淵（１万９１１メートル）です。

地球の水は海を原動力として循環しています。また地球の気候にも大きな影響を及ぼしています。

海自身は地形をつくりませんが、海岸地域の侵食地形をつくり、地形をつくる母胎となっています。プレートが海溝に沈み込んだり、火山島がプレートに乗って移動したり、海嶺を生み出したり、大陸と大陸がぶつかり合う場だったりします。また海流や海底の流れによって地形にも影響を与えています。

27 まったいらな地形はどうしてできる？

凹凸が地形ですが、平原や平野のような平らな地形も地球上の主要な地形の一つです。平らな地形は、世界の陸域の3分の1以上を占めるほど世界中に存在しています。平らな地形は変動帯にも安定大陸にも存在します。

侵食や堆積によって平らな地形が形成されますが、たとえば粒の大きさがそろった砂や粘土でつくられる三角州などは、堆積作用で河口につくられた平らな地形です。地面が隆起すると、平らな海底が地上に現れますが、これが海岸に沿って分布する海岸段丘です。また草原、ステップ、サバンナ、ツンドラなどの平らな地形があります。

このように平らな土地は、堆積、隆起によって生まれます。また丘陵や山地の侵食によって形成されます。侵食平野は準平原と準平原が沈降して海に沈み、堆積して隆起し侵食され硬いところが残った構造平野ですが堆積平野と分けられます。堆積平野は沖積平野と洪積台地に区分されています。

先カンブリア時代後の地殻変動の影響をほとんど受けていない構造地質学的に安定しているところを安定地塊（安定大陸）といい、楯を伏せたような形をしているところが楯状地です。テーブル状の形をしているところを「卓状地」と呼びます。先カンブリア時代、造山運動を受けています。楯状地は大陸の中核でカンブリア紀の褶曲した地層が長い間の侵食作用で準平原となりました。

卓状地と楯状地

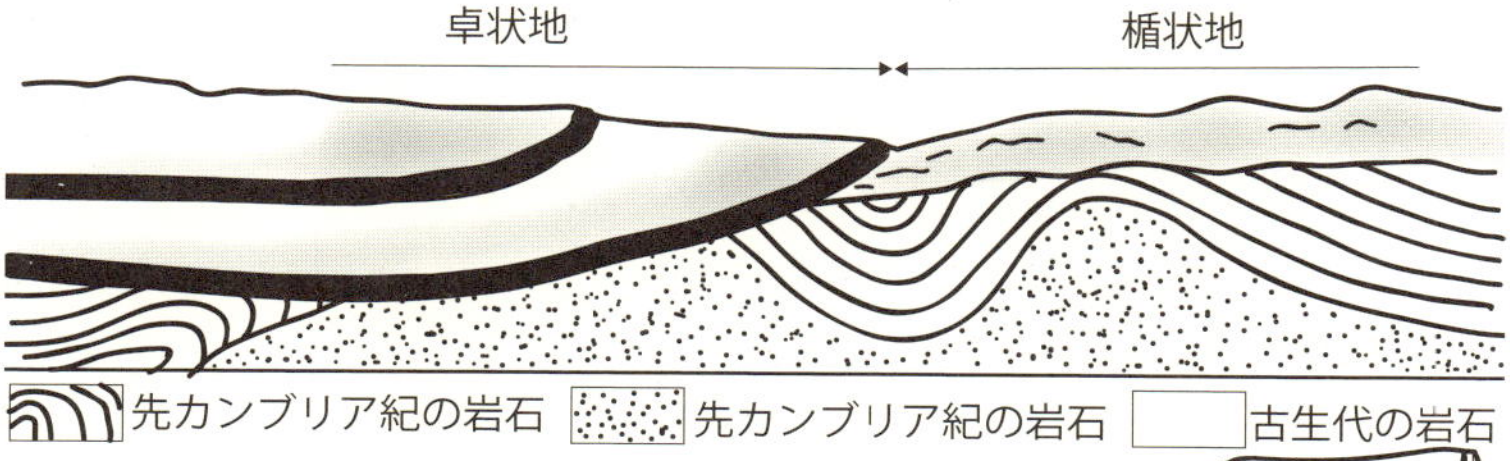

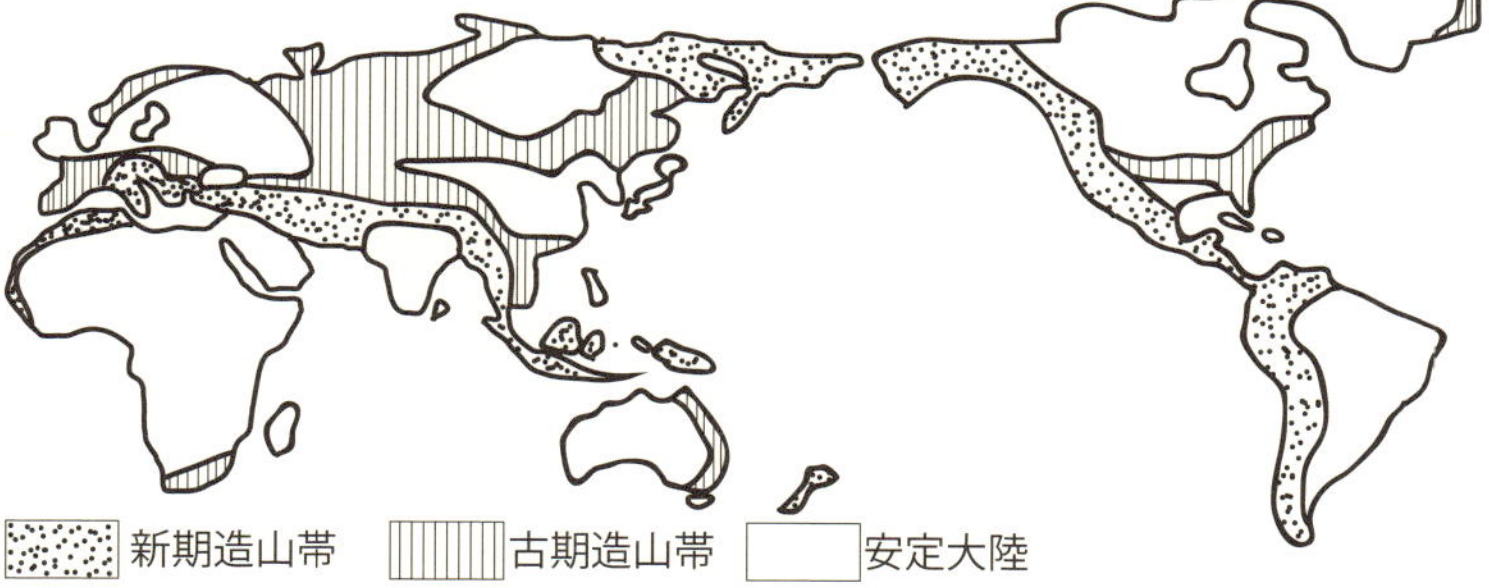

カザフスタン。ソ連時代の原爆実験場

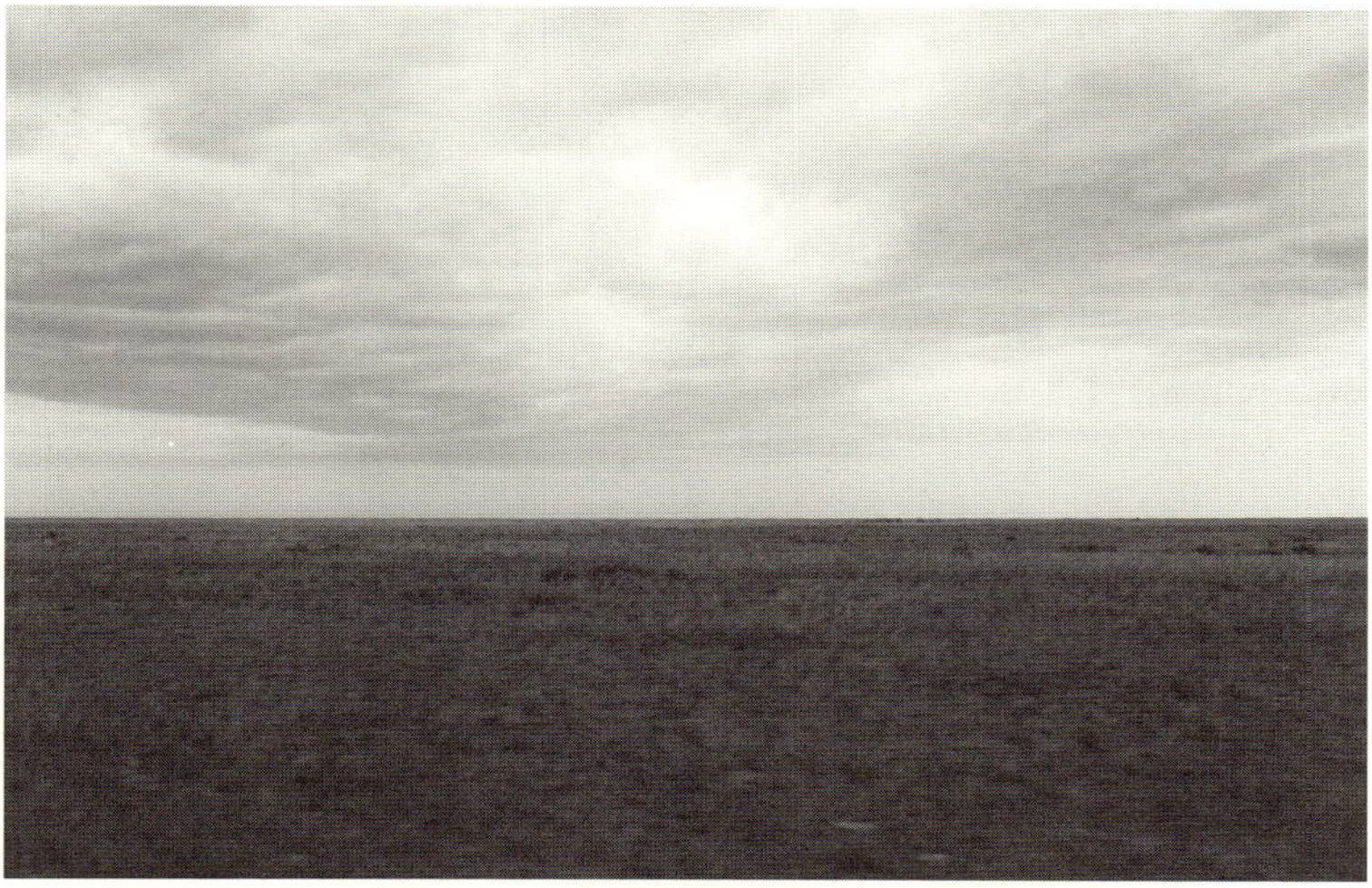

安定大陸でまっ平ら。コラム「原爆の実験場だったカザフスタンの草原は安定大陸」114ページを参照

28 砂漠のできかたは地形に関係している

砂漠は乾燥地帯です。砂漠は「荒地」や「人の寄りつけないところ」で「不毛の地」といわれています。世界の陸地の20％が砂漠です。世界中に砂漠はありますが、「北回帰線」「南回帰線」の周りで、赤道の南北に広がる亜熱帯（緯度15～30度付近）に多く分布します。一方で、日本には砂漠はありません。

砂漠は降水量が少なく蒸発量が多いため乾燥し、植物がほとんど育たないところです。降雨が極端に少なく、年間降雨量は250ミリメートル以下の地域で砂や岩石の多いところです。砂がたまり、礫がゴロゴロところがり、また基盤の岩石も露出しています。砂や礫に覆われている砂漠は「砂砂漠」です。岩石が露出しているところが「岩石砂漠」です。

砂漠のでき方は幾通りかあります。赤道直下は熱帯地域で最も太陽からの熱エネルギーが降り注ぐところですが、空気が湿っており、雨がたくさん降るところです。降ったあと空気が乾燥しますから、下降気流により緯度15度～30度には乾燥した空気が流れ、サハラ砂漠やカラハリ砂漠、アラビア砂漠、オーストラリア砂漠などができました。

このほか海から遠く離れた大陸の内部でも、空気が乾燥し砂漠ができます。山脈の風下側にできる砂漠です。水分を含んだ空気は上昇気流となり山の斜面に沿って上っていきますから、山の麓は乾燥しま

砂漠の構造

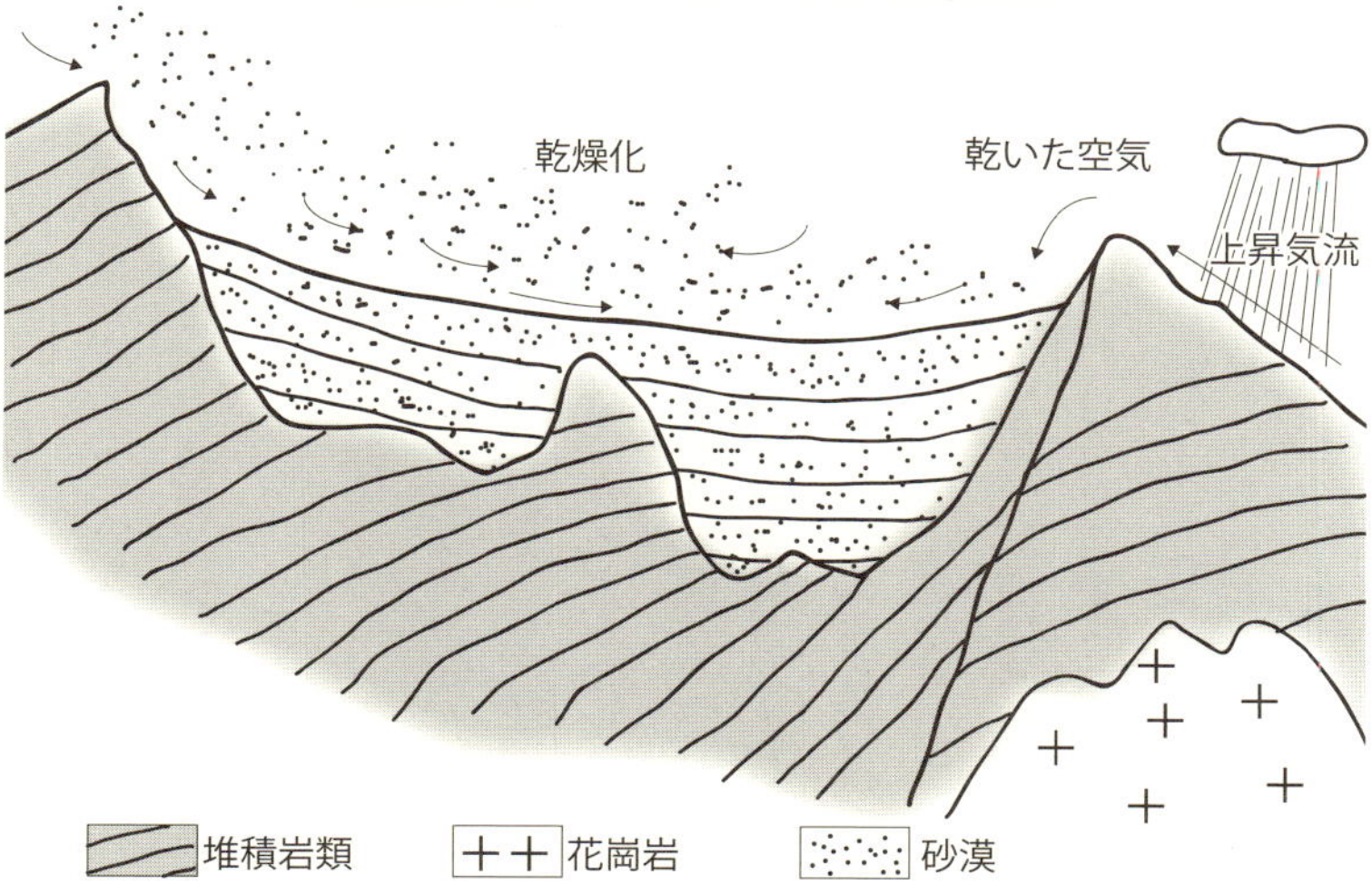

砂砂漠

礫からなる砂漠

砂からなる砂漠

す。

また海岸の中でも沖に冷たい寒流が流れているところに砂漠ができます。海岸付近の空気は冷たく、海岸からはなれた山地帯で空気が暖かくなるため雨を降らせる上昇気流は発生しません。雨が降りにくくなるので砂漠ができます。ナミブ砂漠やアタカマ砂漠がこのタイプです。ゴビなど大陸の奥地、モハーベ砂漠など高い山脈にさえぎられた地域にも形成されます。

砂漠の形成には気候と地殻変動も関係します。まずは砂や礫などが溜まるような地形がつくられなければなりません。凹地や斜面に砂や礫、土が水や風の作用で溜まっていきます。気温の差が大きいため物理的風化作用により岩石が破壊され、礫や砂などの細粒物質になり、風や水の作用で運搬され堆積し、砂漠になっていきます。砂漠の砂の厚さは数十メートルから600メートル以上です。

地質時代にも砂漠はありました。古い砂漠は地層になって岩石化しています。しかし見た目ではかつて砂漠であったかどうかわかりません。見極めには地質や化石の知識が必要になります。

砂漠は安定大陸にもチリのアタカマ砂漠のように変動帯にも存在していますが、砂や岩石が溜まっていく地形が必要です。砂漠は大~中地形です。

砂丘は、砂漠の中で、砂が風に飛ばされて砂が溜まり、風の力で砂が丘のような形になったものです。移動し、形を変え、風紋ができます。砂漠は、その中に砂丘がつくられ、変化に富む地形です。

なお世界で一番広い砂漠は、サハラ砂漠です。面積は907万平方キロメートル。サハラ砂漠は東西5600キロメートル、南北1700キロメートルに広がり、アフリカ大陸の北部を占める世界最大の砂漠です。サハラ砂漠の地名は、アラビア語のサハラ（不毛、荒地）に由来します。

29 地面がへこんでできる凹地や盆地

凹地も盆地も地面がへこんだところですが、盆地は周囲が山地に囲まれており、周囲に比べ、盆状にくぼんだところで低く平らな地形です。

盆地は侵食盆地と構造盆地に分けられています。侵食盆地は軟らかい地層や岩石が選択的に侵食されて、盆地状にくぼ地になり、形成されます。地殻変動により形成された盆地は、構造盆地といいます。断層上の地層がたわむ現象による場合は撓曲盆地です。構造盆地で断層の作用によってできたものは断層盆地です。両側が断層になっている場合は地溝盆地と呼んでいます。また火山活動によりできるカルデラも盆地に含まれます。

凹地は、地表の限られたところだけがへこんでいる地形で、くぼ地です。低地山地、丘陵地の稜線に平行する凹地を線的凹地とも呼んでいます。線状凹地は、主に岩盤クリープなどで形成されます。

なお、凹地や盆地は、いたるところにあります。火山構造性凹地、地溝、隕石孔、南海トラフなど大地形から小地形まで様々あります。海溝も凹地でしょう。カルスト地形のドリーネも凹地の地形です。石灰岩地域の雨水・地下水に溶食されてできるすりばち状の窪地です。

構造的な凹地でも侵食によりわかりづらくなります。凹地、盆地は大地形から小地形まで様々なオーダーで存在しています。

盆地・凹地のできかた

構造盆地（褶曲）

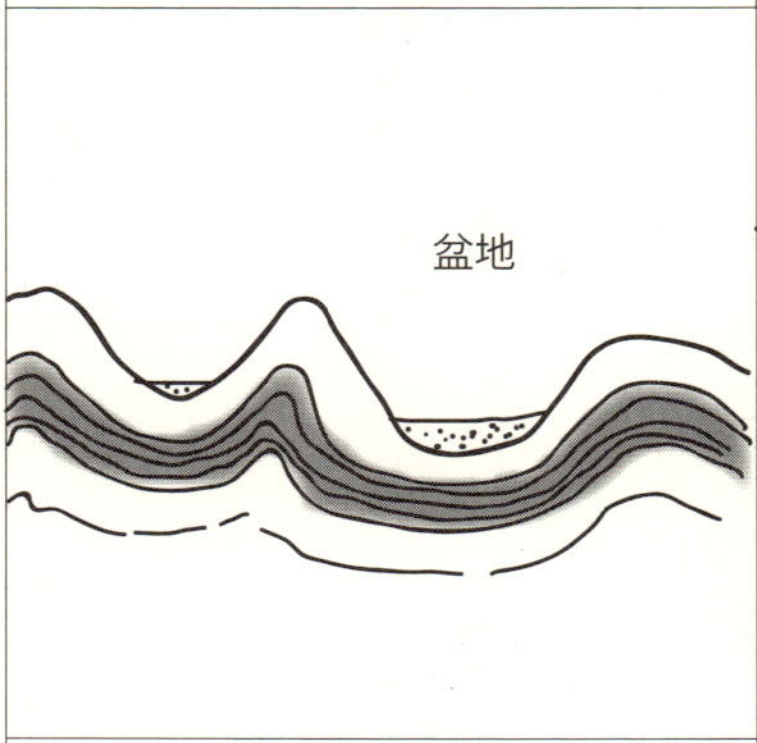

構造盆地（断層）

侵食盆地

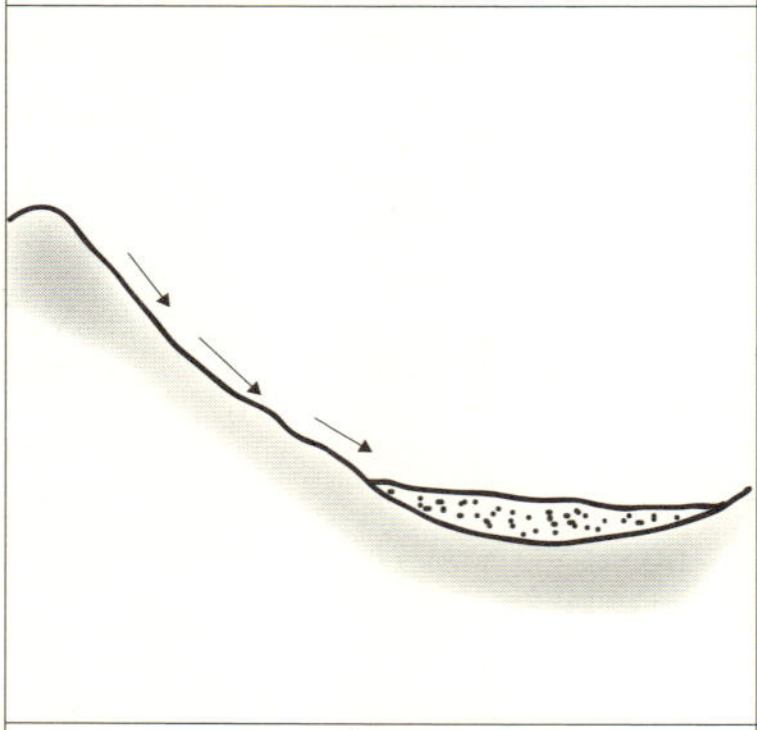

ケスタの盆地

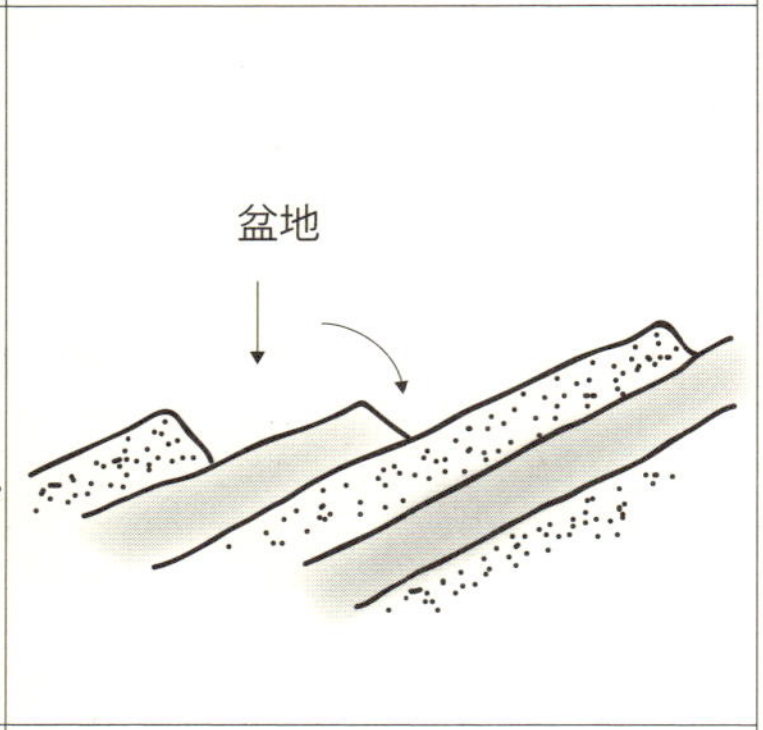

カルデラの凹地

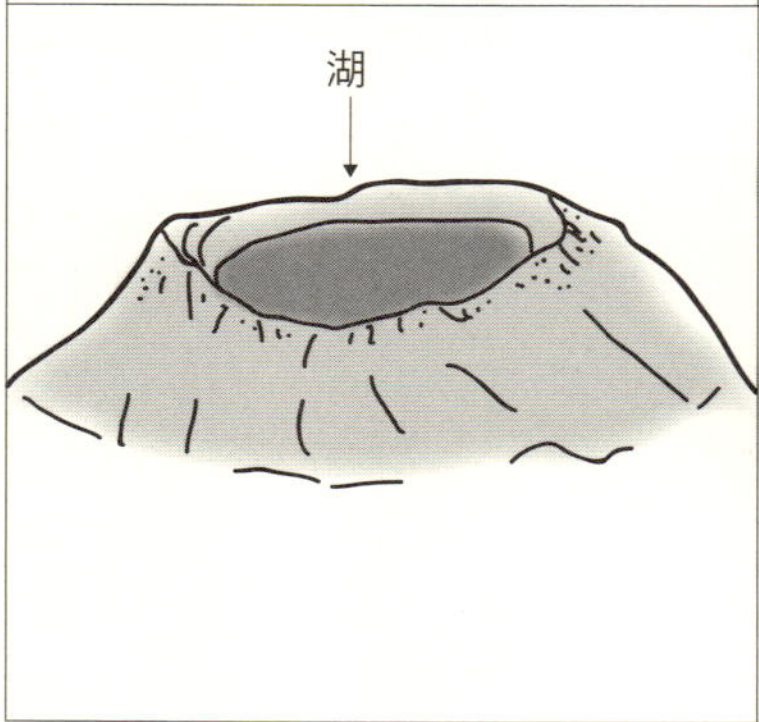

海溝の凹地

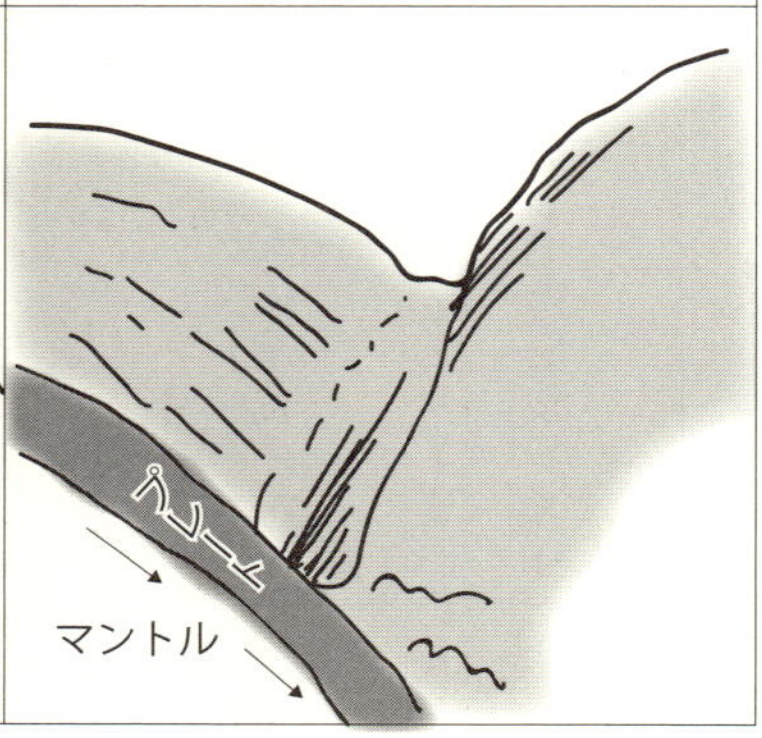

第5章

地形と地質の関係は密接だ——プレートテクトニクス

30 プレートテクトニクスがつくる地形

プレートテクトニクスはマントルの対流によって、プレートが動き、様々な地形がつくられています。海嶺の大山脈や断層、火山噴火などプレートに関係してつくられます。

海のプレートと大陸のプレートがぶつかり、あるいは、海のプレートが大陸に潜り込んでいくところ、海溝では大陸側に横圧力がかかり、地殻は大きく変形していきます。巨大な山脈も形成されます。今でも隆起しているヒマラヤ山脈はインド大陸とユーラシア大陸がぶつかっているところです。インド大陸が潜り込んでいっています。

東アジアの広い範囲にわたり、地形が変形していく影響を受けます。大地の変形は地域で様々ですが、圧縮による褶曲がつくられたり、断層地形が形成されたり、横ずれ断層によって大地がずれ、大地が引っ張られ裂けたりします。様々な形であらわれています。

ヒマラヤ山脈から遥か彼方、北方約3000キロメートル離れているところに水深が1741メートルと世界一深いバイカル湖があります。南北680キロメートル×東西幅約40～50キロメートルと広大で透明度が高い湖です。バイカル湖もこのインド大陸の衝突の影響で大地が裂けたところが湖になったのではないか、と考えられています。世界遺産にもなっています。

プレートは地球の中心であるコア（核）の超高温

プレートと大陸の衝突

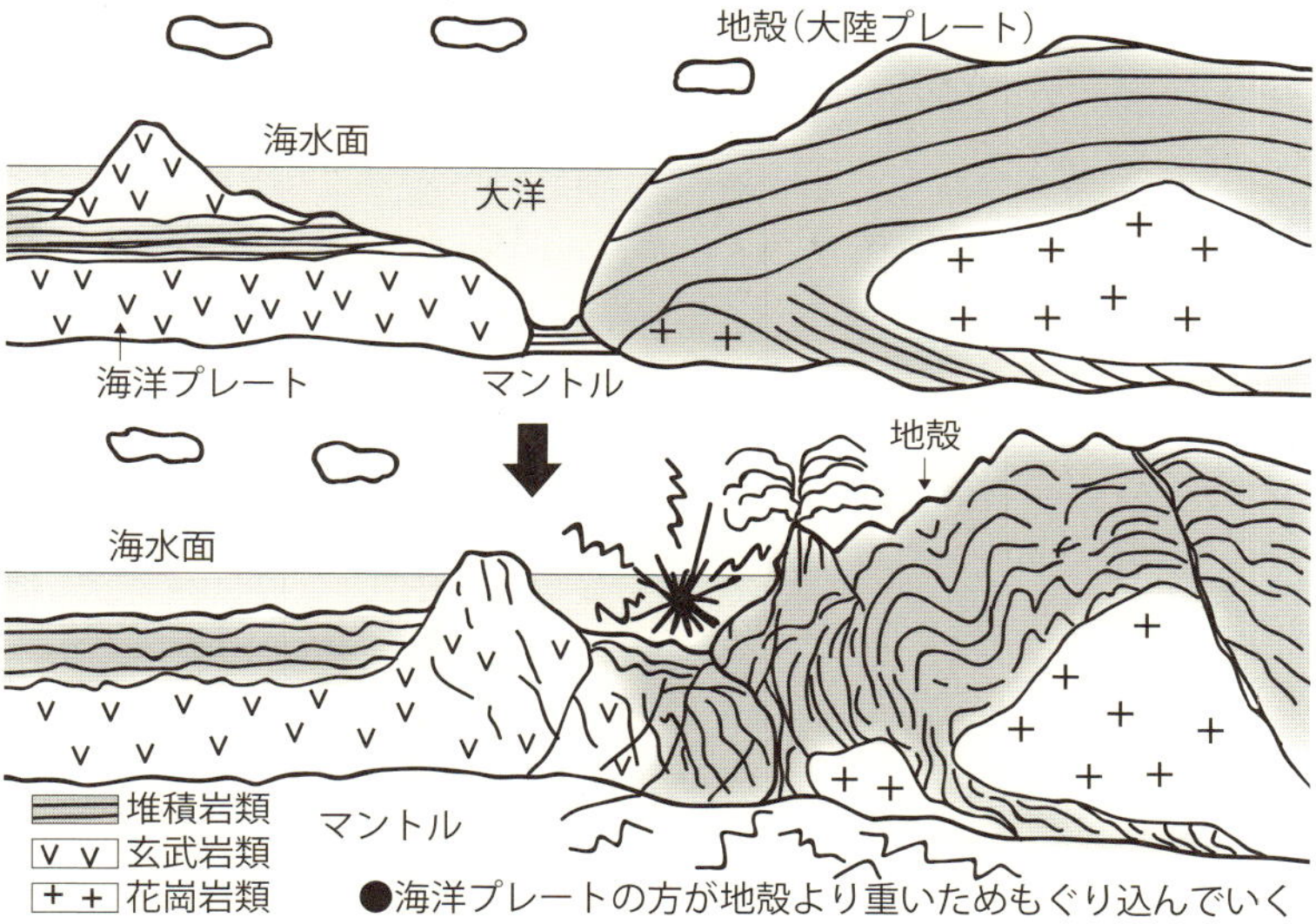

●海洋プレートの方が地殻より重いためもぐり込んでいく

プレートテクトニクスの地形

場所	地形	特徴
海嶺	山脈	プレートが生産され、山脈となる
	火山噴火	海嶺からマグマ流出
	トランスフォーム断層	横づれ断層、断裂
大洋底	ホットスポット	プレートをつき破ってマグマ噴出
	海山、深海平原、海盆	サンゴ礁、ホットスポット噴火終息で火山移動、プレートの移動、侵食
沈み込み帯	海溝、褶曲、断層	沈み込み帯の巨大凹地、プレートの沈み込みで横圧力を受ける、プレートの沈み込みで地層の断裂
大陸との衝突	火山噴火	プレートの沈み込み帯と大陸縁辺
	褶曲・断層（構造山地）	地層が曲がり折れ、地層が断裂
	高原	プレートの沈み込み地表がもり上がる
	海岸	波、潮流による侵食、海水準変化

の熱の放出によるマントル対流によって動かされており、地形をつくる原動力になっています。地形は地球の内部からのエネルギーと侵食で形成されますが、プレートは侵食につながる雨や気温など気候にも関与します。

プレートが変動することにより山脈や海溝が形成され、気候の変化にも影響を及ぼすといわれています。山ができること自体気候を左右し、火山の噴火も気候を変えます。したがって気候に関与するプレートの動きやプレートによってできる地形は気候に影響を与えます。

地形は、地殻変動、火山活動、水の流れ、雨、風などによって地表面が変形を受け形成されますが、海水中の変動による地形、海岸地形、河口地形、氷河地形、平坦地形、砂漠地形など大地形から小地形、微細地形に至るまでプレートの動きの影響によるものだ、といえます。また海の地形も陸の地形も

プレートの動きに関与します。

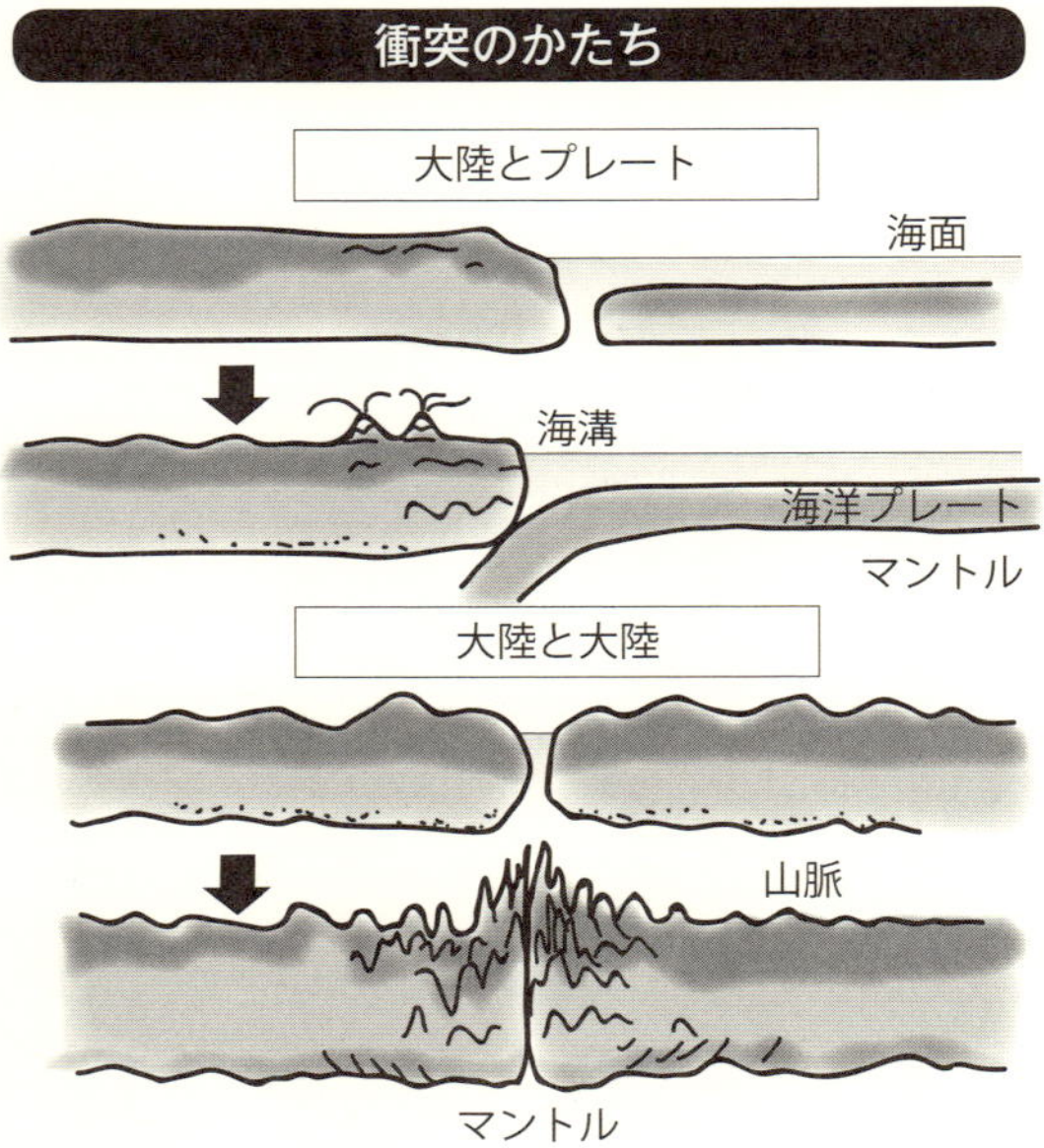

31 火山活動が活発な変動帯の地形

変動帯は、地殻変動が起こり、火山活動が活発な地帯で造山帯ともいわれ、帯状に発達しています。世界にはアルプス・ヒマラヤ造山帯および環太平洋造山帯があります。

日本列島はプレートが海溝に沈み込むところに位置する変動帯に属し、海からの海洋プレートが下に潜り込み、大山脈の地形がつくられ、火山活動が頻繁に引き起こり、火山地形がつくられます。火山の元となるマグマが発生し、マグマが地表に噴出しなければ、花崗岩など深成岩になりますが、地上に向かって貫入すれば、地面は隆起し、侵食を受けていけば、高原や台地の地形になっていきます。

海洋のプレートが大陸のプレートの下に沈み込む場所では海溝が形成されます。プレートが押し込まれながら地殻の地層や岩体が強い圧縮力により褶曲し、変形し、断層による破壊が生じます。蓄積されていたエネルギーが解放され、地震が生じ、断層地形がつくられます。プレートがぶつかり合うところはプレートが沈み込み海溝が形成されます。陸のプレート同士がぶつかると激しい押し合いになって地殻が重なり、ヒマラヤのような大山脈・大高原がつくられます。プレートの湧き出し口では大山脈の海嶺がつくられます。

このように変動帯では長い時間をかけ大地形がつくられながら海の波や海流、雨、風の影響で侵食がはじまります。

変動帯の地形

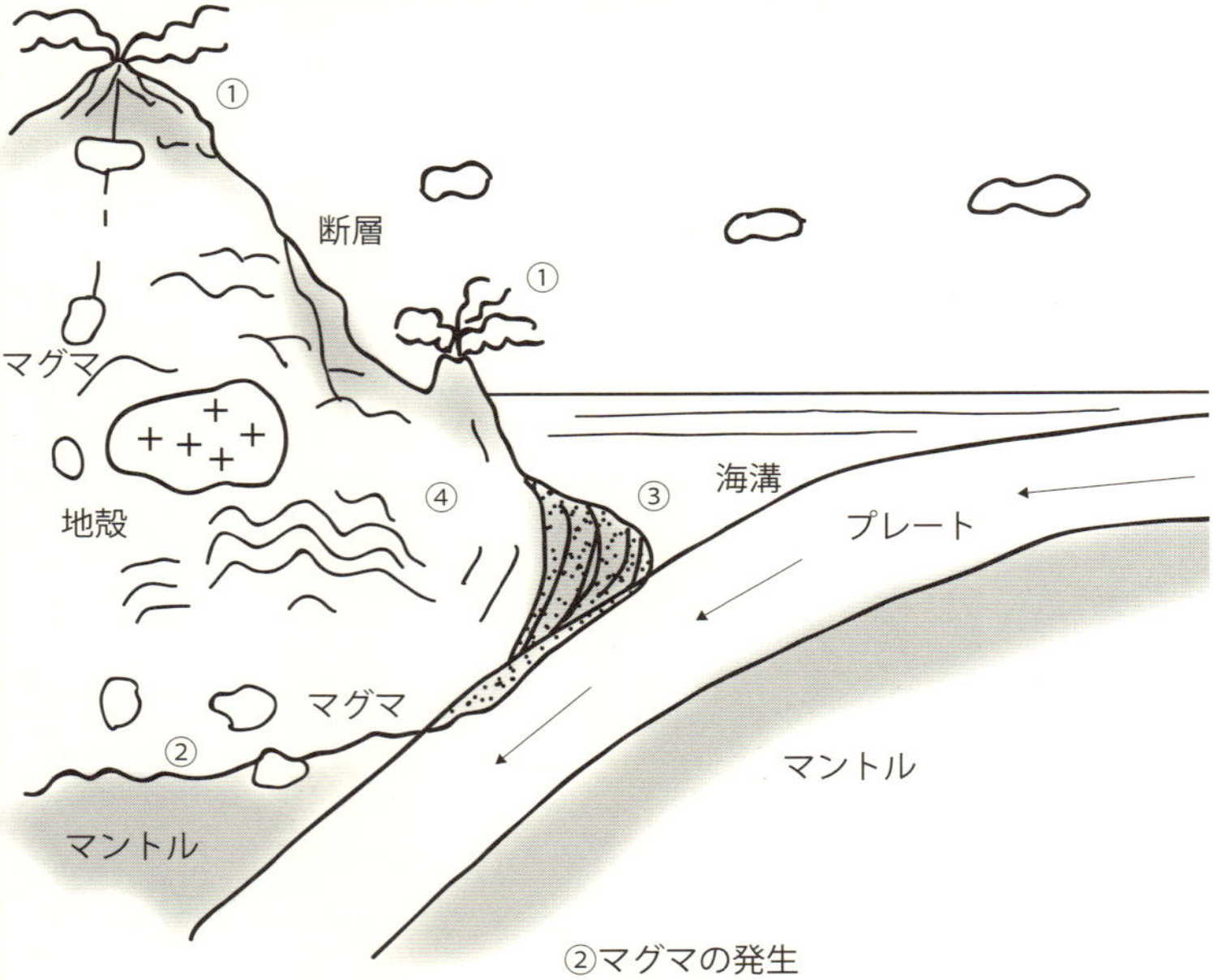

①火山

②マグマの発生

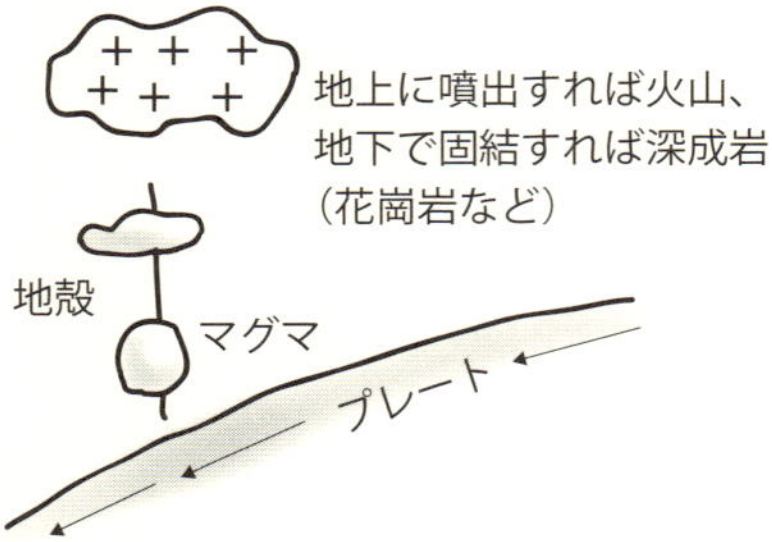

③付加体

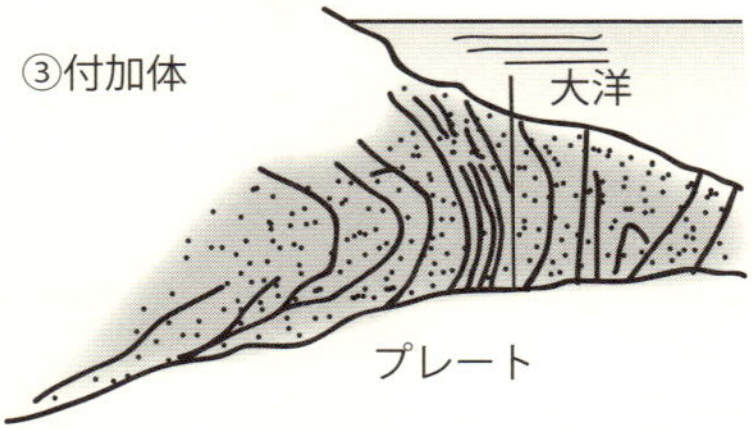

④褶曲

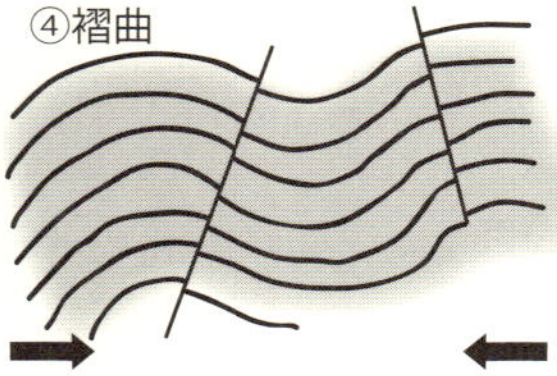

—— 断層　＋＋ 花崗岩　①火山

32 大昔から大きな変動を受けていない安定大陸の地形

安定大陸は先カンブリア時代に形成（～5・6億年前）され先カンブリア時代以降、大きな変動を受けず、安定だった地域です。平地は、侵食などで山が削られて平坦化しました。長い地質時代、侵食を受けて先カンブリア時代の基盤岩が地表に露出し、平坦化した大陸で、各大陸の基盤となっています。安定陸塊とか安定地塊とかクラトンともいいます。表面を堆積物に薄く覆われ、テーブル状の形をしている場合は卓状地といっています。

現在の変動帯は、安定大陸の周りや縁に分布しています。

安定大陸はゴンドワナ大陸だったアフリカ、アラビア、インド、オーストラリア、南アメリカ、バルト楯状地のスカンジナ半島からフインランド、シベリア卓状地、中国陸塊の中国の東北地域から朝鮮半島、華南にかけての地域などです。

世界の大地形の大部分は、この安定陸塊が占めています。今から5億7500万年前の先カンブリアという時代のときに、造山運動が起きてできた地形で、平坦化しています。そして大平原（平たい野原）や大高原（山地にある広い平らな地域）になりました。

アフリカ大陸は広大な安定大陸です。アフリカ大陸の東半分に地溝帯が南北の方向にできて、安定大陸を分けています。南北に縦断する巨大な谷のアフリカ地溝帯です。上昇するマントルからのマグマが

アフリカ大地溝帯

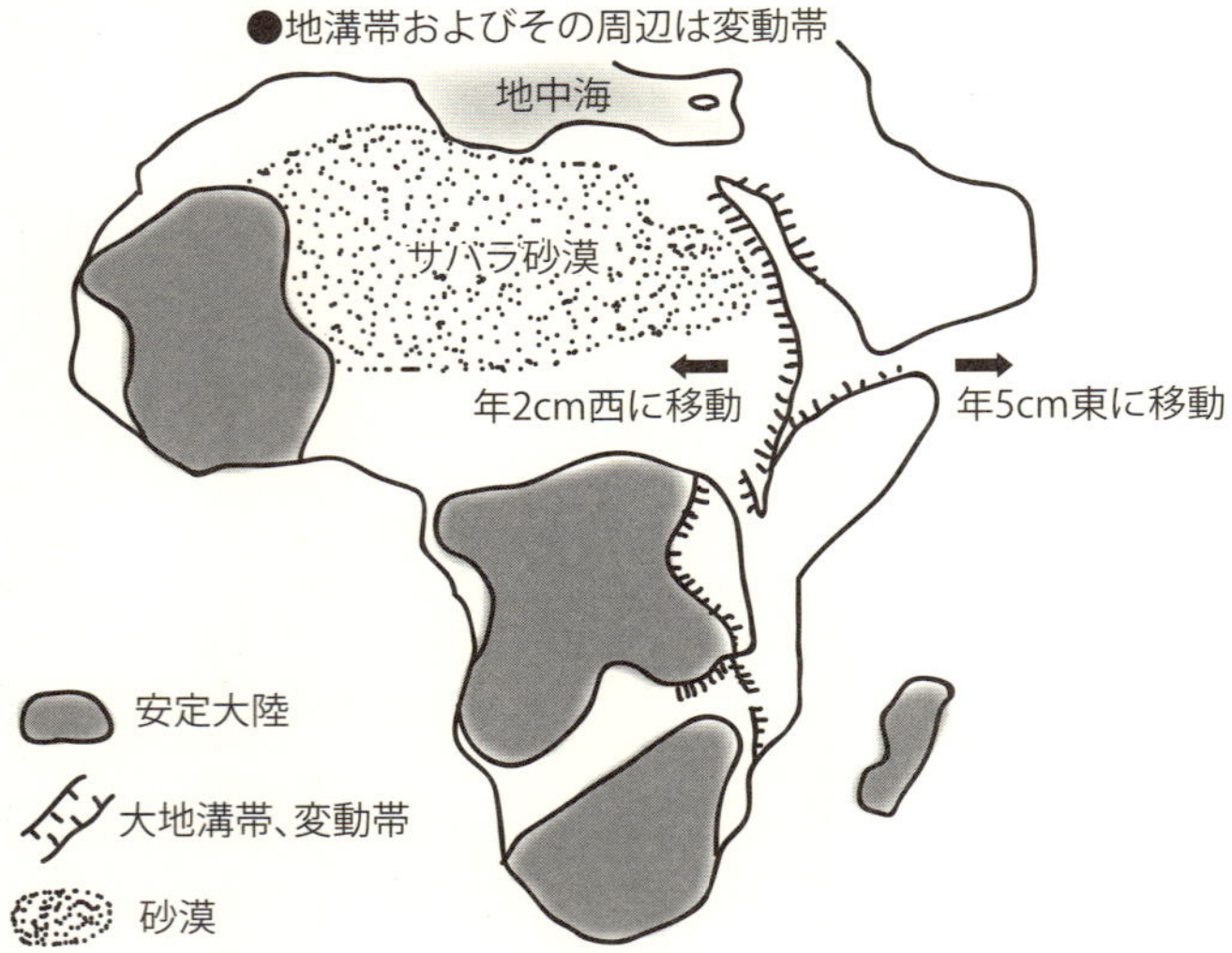

活動し、地表面が膨張しており、大陸は割れつつある状態です。1000万年前から地溝帯をつくる活動が始まっていて、火山や断層が集中しています。このアフリカ地溝帯は東部地溝帯と西部地溝帯に2分割されています。東部地溝帯は年5センチメートルで東進し、西部地溝帯は年2センチメートルで西進し、ゆくゆくは離れていく地溝帯は変動帯で、安定大陸の縁の造山帯です。安定大陸もダイナミックな地質現象で変動帯の地形を生み出しています。

古期造山帯も平坦化した低くなだらかな山地で安定陸塊といえます。安定陸塊のように平らではないけれど、少し盛り上がっています。石炭が賦存していることが多く、古生代の後期、4億年～3億年前の石炭紀の時期にシダ植物が繁栄し、それが埋没して石炭になりました。先カンブリア紀に形成された縞状鉄鋼層は、安定大陸に存在しています。私たちが大量に使う鉄です。

パンゲア大陸

●アフリカ大地溝帯のように分裂し、移動し現在の各大陸になっていく

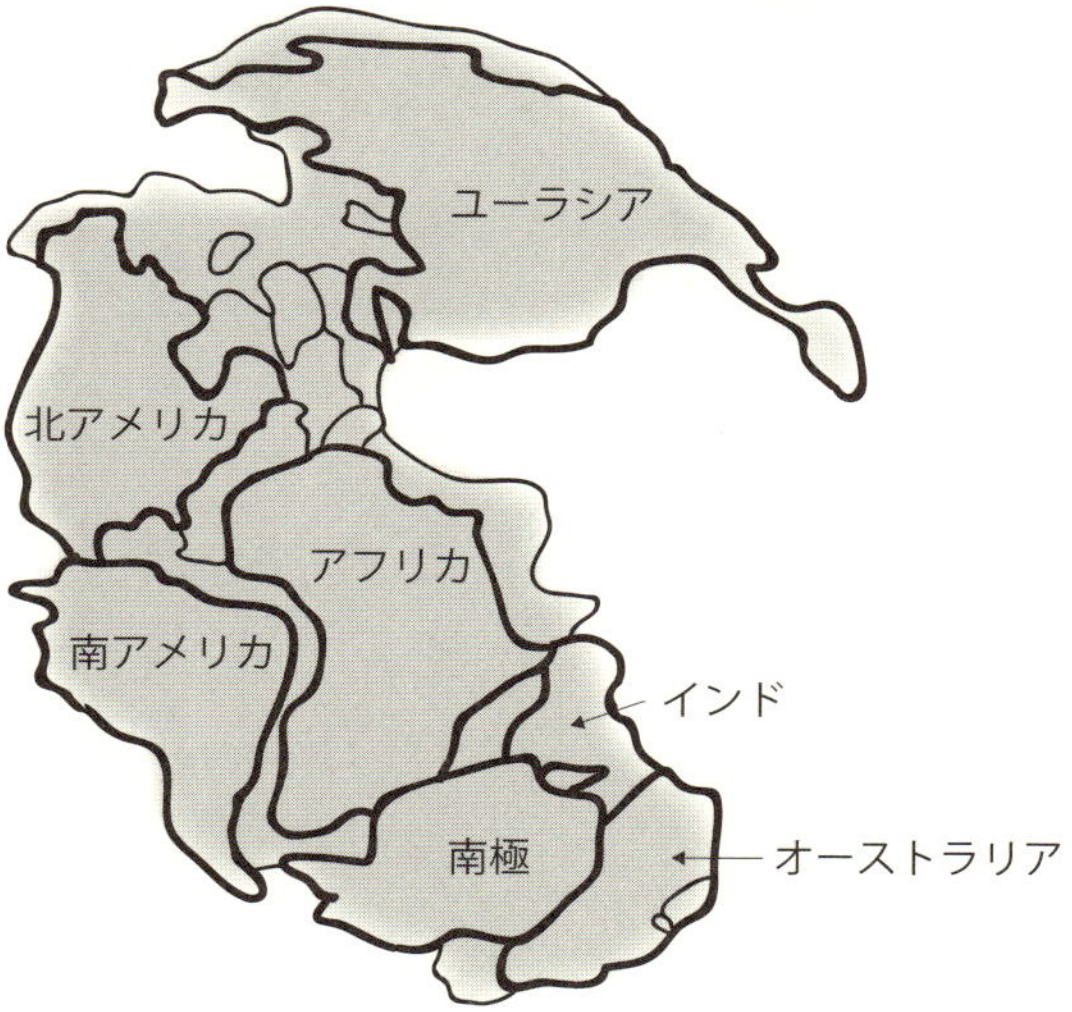

超大陸の変遷

●大陸は分裂、衝突を繰り返し超大陸になっていく
●超大陸も分裂、衝突を行いながら一つの超大陸になっていく。プレートテクトニクスによって移動

超大陸名	形成された時代	特徴
ヌーナ大陸	19億年前	現在のグリーンランド、北アメリカ他
コロンビア大陸	25億年前～15億年前	
パノティア大陸	15億年前～10億年前	
ロディニア大陸	11億年前から7.5億年前の存在	岩石だけの大地
パンゲア大陸	2.9億年前～2.5億年前	動植物が移動。火山活動活発化
ゴンドワナ大陸	6億年前に誕生、パンゲア大陸の一部となる	

33 日本列島の地形はどのようにできたのか

アジア大陸の東縁部にあたる日本列島は千島弧、伊豆—小笠原弧、南西諸島弧が連なった弧状列島です。いずれも太平洋側に、千島・カムチャツカ海溝、日本海溝、伊豆・小笠原海溝、南海トラフを伴っています。環太平洋火山帯に属しているため、火山活動が活発で造山運動が絶え間なく引き起こっています。

日本列島は、活発な地殻変動により山地が発達し、温帯多雨という気象条件により侵食作用や複雑な日本列島の地質構造発達の歴史を通して地形を形成してきました。地殻の変動による地形、火山の活動による地形、カルストなど地質によってつくられる地形、峡谷、三角州や扇状地のような河川による地形、リアス式海岸などの海岸地形、カールなど氷河による地形、土石流堆など自然災害による地形など様々な地形が日本列島に見られます。

地球は十数枚のプレートで覆われています。日本列島は、ユーラシアプレートの東端、北米プレートの南西端に位置しており、これらのプレートの下に太平洋プレートとフィリピン海プレートが沈み込んでいます。すなわちこれら4枚のプレートの衝突部にあたっていますからプレートの運動は、日本列島に強い歪みを与えていて、日本は地震多発帯、火山多発帯であり、自然災害多発地帯にもなっています。またプレートの沈み込み帯（海溝）とほぼ平行に山脈や火山帯が発達し、起伏の激しい地形が多

日本周辺のプレート

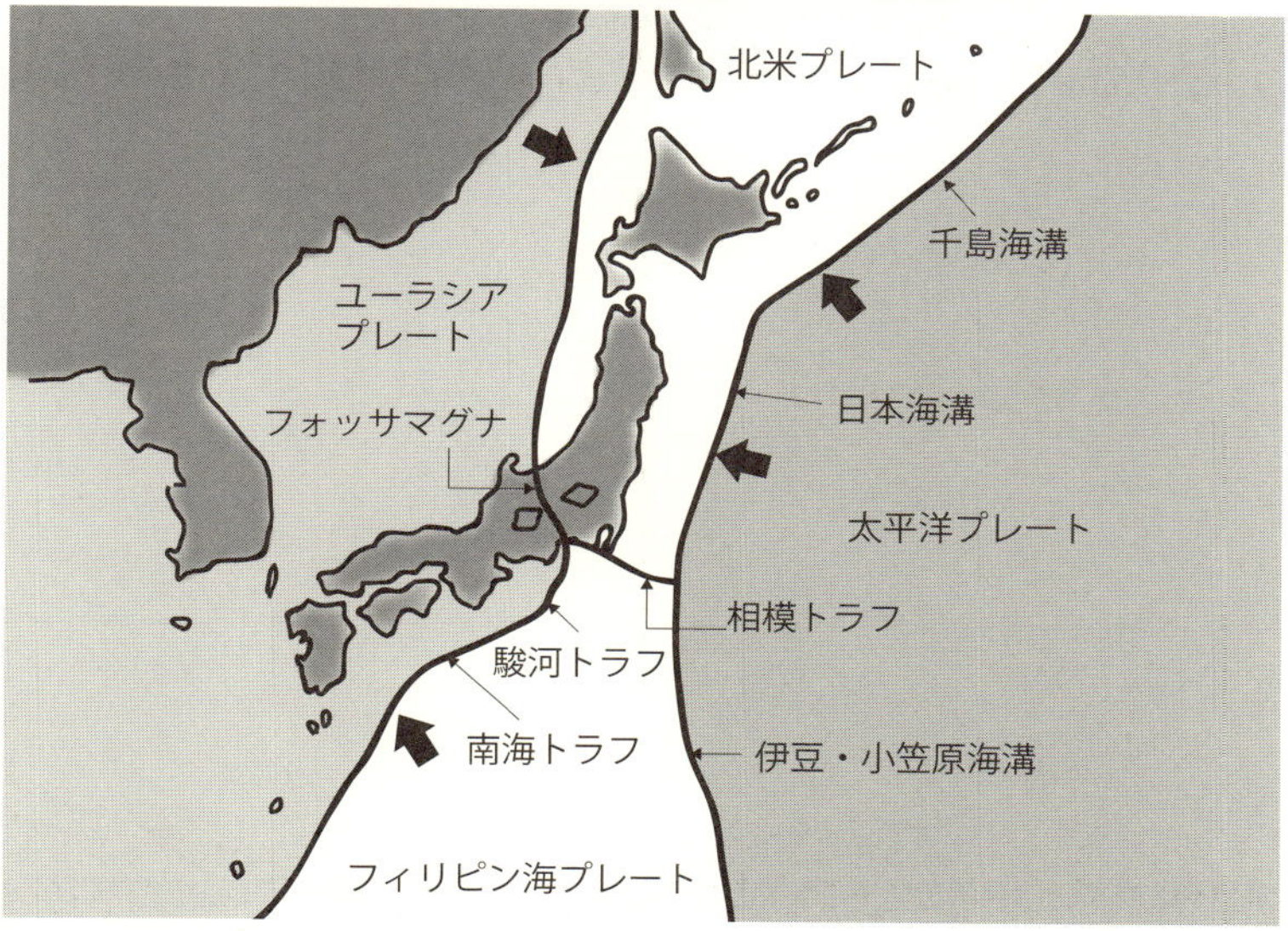

い、という特徴があります。山脈の間や海沿いに細長く盆地平野が分布します。

かつて日本付近はアジア大陸の端でした。古生代には大陸から大洋に運ばれてきた砂や泥が堆積していました。現在の岐阜県飛騨地方や山陰北部にその地質が分布します。白亜紀後期ごろにイザナギと呼ばれるプレートが存在し、日本列島の原型を作ったとされています。ユーラシアプレートの下に沈み込み、約2千5百万年前頃にそのプレートは消滅したとされています。その後北米プレート、フィリピン海プレートがそれぞれ押し寄せ、大陸から切り離され、弧状列島になったと考えられています。

西南日本と東北日本の間は浅い海でした。太平洋プレートは東からもぐりこみ、押し、ユーラシアプレートとの間に圧縮力がかかり、地層が皺になり、隆起し中央高地や日本アルプスが形成されました。また大断層線である中央構造線により、太平洋側の

日本列島の地形の形成

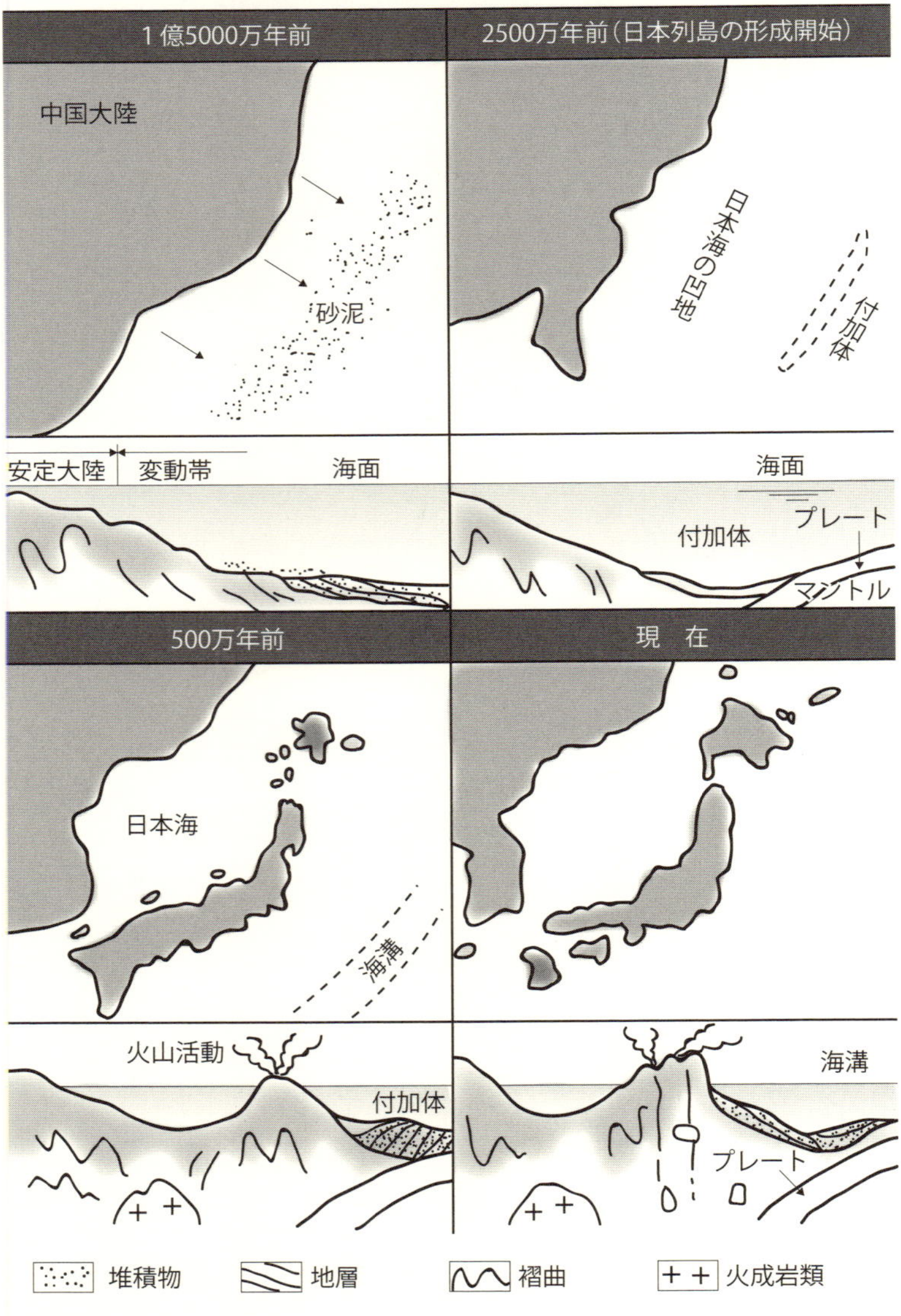

●断面は東西方向でイメージ
●2016年地域若手会佐渡島調査など参照

西南日本外帯と大陸側の西南日本内帯とに分けられました。

日本列島は、付加体と呼ばれる海洋でできた岩石が集積したところです。海洋プレートの上に堆積した石灰岩やチャートが移動し海溝で大陸からの堆積物と混合しながら潜り込むときに、大陸に付加しながら日本列島が形成されていきました。この付加は現在まで続いています。大陸側ほど古い地質構造をもっています。

約1700万年前に日本海が拡大をはじめ、1450万年前には日本列島は本州中部で折れ曲がった形になりました。西南日本と東北日本の間に日本列島を横断する数10キロメートルの幅の大断層線、フォッサマグナ（糸魚川―静岡構造線）が形成されました。なお現在の弧状列島の形として現れたのは、第三紀鮮新世の初め頃です。

200万年前から始まる更新世は氷河時代とも呼ばれています。寒冷な時期（氷期）と温暖な時期（間氷期）とが交互に繰り返えされ、厳しい気候変化を受けました。氷河期の最盛期には、気温は年平均で摂氏7～8℃も低下しました。この気候変化の時代には氷河地形が北アルプスや北海道の日高山脈に発達しました。

また氷河期には海水準が低下し大陸と陸続きになることがしばしばありました。氷河の発達によって海水が少なくなり、海水面が低下したためです。

日本列島は、活発な地殻変動により山地が発達し、温帯多雨という気象条件で、侵食作用も著しく各地に侵食地形をつくりました。

日本列島は、変動帯のため、複雑な地質構造を持ち、不安定な地形で、いつも変化しています。国土全体が山地であり、平坦地が少なく、地震、津波、台風、豪雨にも見舞われ、このような大自然の脅威に曝されながら地形を変化させています。

34 本州に潜り込んだ伊豆半島

伊豆半島は静岡県の東端部に位置し、本州から南へ約50キロメートル突き出した地形です。駿河湾と相模灘を隔る半島です。美しい景観や温泉地帯で、半島全域にわたり、大部分山地からなり、雄大な高原もあります。しかし平坦地はほとんどありません。富士箱根伊豆国立公園の一部になっており「伊豆の踊子」で有名な天城山をはじめ、達磨山、玄岳、丹那山地と山々が続き、箱根へと連なります。また伊東市にはスコリア丘のスリバチ状火口をもつ標高580メートルの火山、大室山があります。一方半島は美しい海岸に恵まれ砂州の御浜岬や大瀬崎、白浜海岸、波の侵蝕による溶岩の絶壁のある城ヶ崎海岸、奥石廊崎海岸、堂ヶ島海岸と火山砕屑物の地層が侵食された岩場が続きます。半島の沿岸部は、海岸段丘や入り組んだリアス式海岸や波によって海岸線が侵食した海蝕崖が続き、変化に富んだ地形です。最南端は石廊崎で岩石海岸になっており太平洋が広がっています。

伊豆半島は特異な地質であり、地形に反映されています。火山岩、火山砕屑岩からなる伊豆半島は元々日本列島ではありませんでした。太平洋の南の海底と陸上で火山活動を繰り返し、島となり、やがて本州に衝突して今の形が形成されました。太平洋の中の島であった伊豆半島は、フィリピン海プレートに乗り、移動し、北上し、日本列島に衝突し、付加されつつあり、今でもゆっくりと本州に押し込ま

伊豆半島の形成

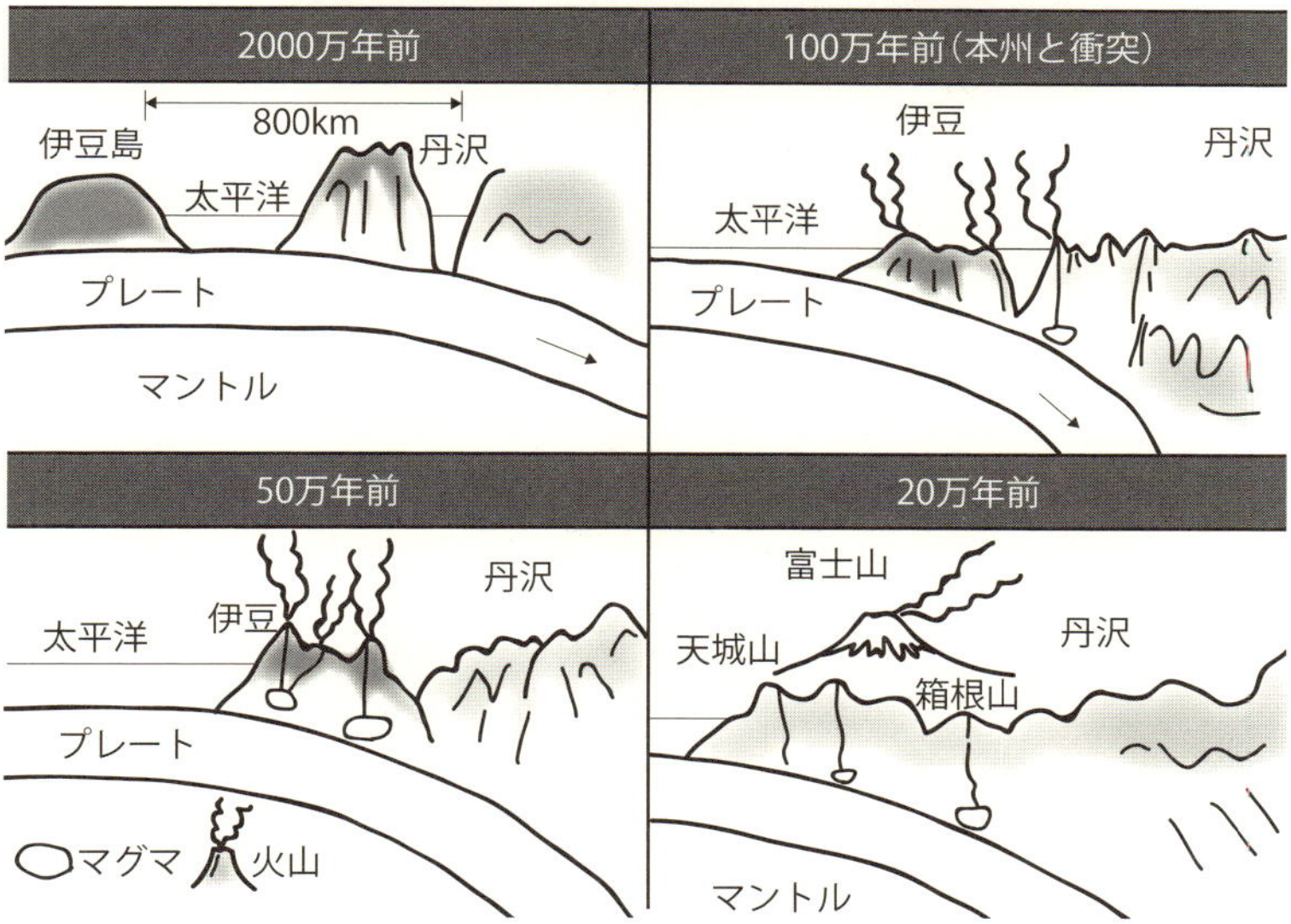

れ、潜り込みつつあり、地塊となっています。

伊豆半島は約２０００万年前、伊豆は本州から数百キロメートル南、現在の硫黄島付近の緯度にありました。この頃の伊豆は深い海の底で活動する火山の集合体（海底火山群）でした。

本州との衝突が始まったのは約１００万年前で陸上でも火山活動が頻繁に起こり、20万年前に現在の伊豆半島の原型がつくられました。西伊豆は、本州への衝突とともに隆起し、陸化しました。東伊豆では、15万年前から伊豆東部火山群の溶岩が相模灘に流れ込みました。溶岩が陸化し、海蝕崖など海岸地形をつくりました。

伊豆半島の北端に噴出した箱根火山は伊豆半島が地塊として箱根火山付近の本州にぶつかり激しい褶曲と隆起の場となり、天城山や達磨山などの大型火山が活動し火山地形に特徴づけられる緩やかな山腹や裾野をつくりました。

伊豆半島の火山

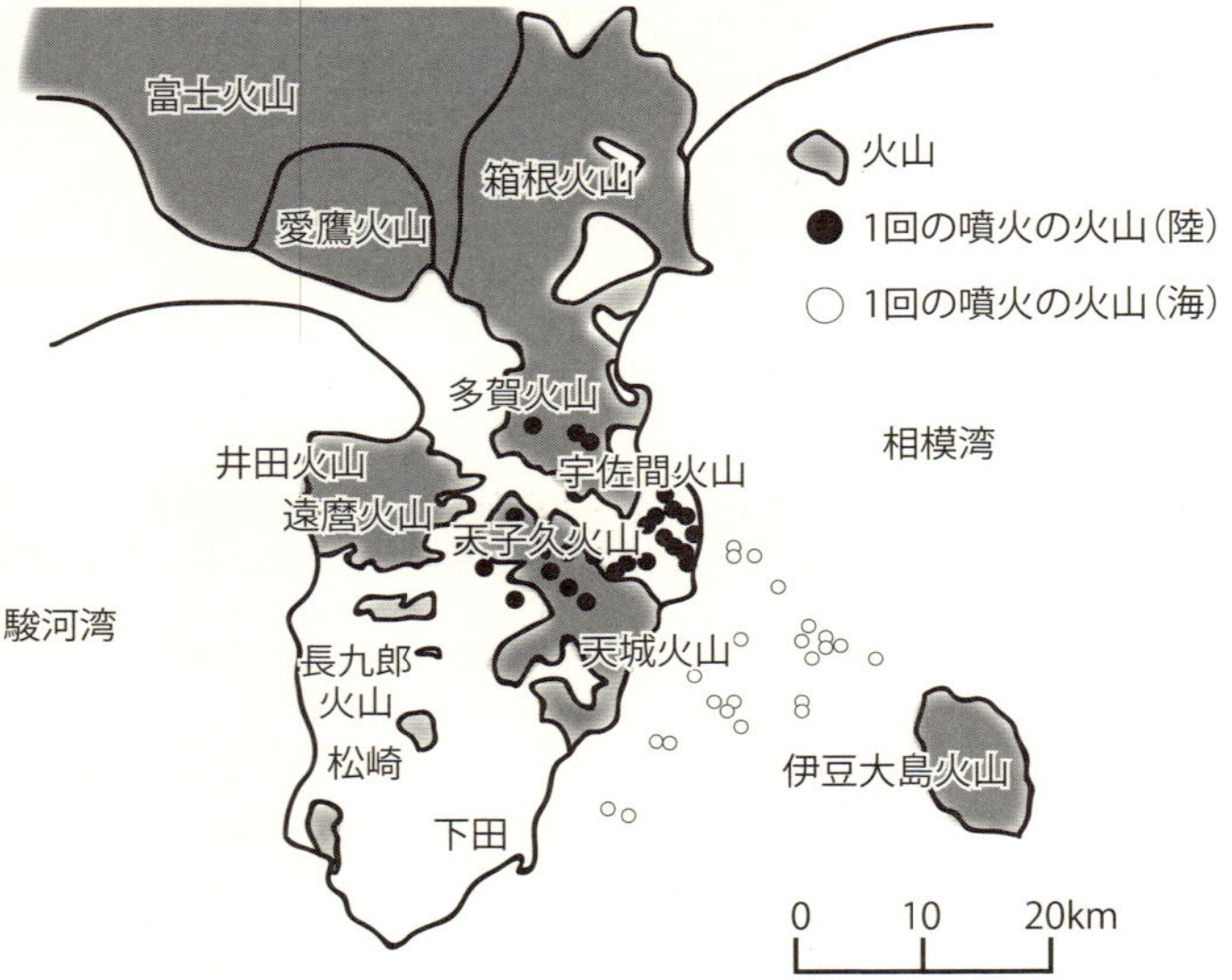

伊豆地塊と本州との衝突で、多賀火山、湯河原火山、箱根火山が生まれましたが、箱根火山を残して今ではすべて活動を終えてしまいました。現在の箱根火山は、マグマの供給が減少したため、噴火は衰退しています。噴火の終息とともに多くの温泉が湧出しています。今後も噴火する可能性がある火山は、富士山、箱根火山、伊豆大島の３火山です。さらに伊豆半島東部とその沖合に分布する東伊豆沖海底火山群などです。

伊豆半島は伊豆・小笠原弧の北の端に位置しており、火山島が南北にならびます。北の伊豆半島から伊豆大島、三宅島、八丈島、鳥島、さらに南の硫黄島まで連なり、南北にのびる地形の高まりです。

太平洋の彼方からやってきた「伊豆島」は伊豆半島になり、地殻変動と侵食により様々な地形をつくり、多くの美しい景観や温泉を有する現在の伊豆半島を形成しています。

35 ユーラシア大陸に潜り込んだインド大陸
――世界一の山になったエベレスト

地球上で最も標高が高いヒマラヤ山脈、東西延長は２４００キロメートルにも達し、幅も２００キロメートルで、東西の方向です。北の端、宗谷岬から最南端、沖ノ鳥島まで２８４５キロメートルですから ほぼ日本列島の長さに相当します。８０００メートルを超すピークの山が10もあり世界最大の高度です。世界最高峰エベレストは８８４８メートルです。世界の巨大山脈地形で、氷河も発達し、様々な巨大地形を形成しています。またヒマラヤ山脈には非常に多くの氷河があります。極地以外では地球上で最大の氷河面積です。

ヒマラヤ山脈はブータン、中国、インド、ネパール、パキスタンの５カ国にまたがります。北はチベット高原、クンルン山脈へと続き、南はヒンドスタン平原、インド高原になります。大河であるインダス川、ガンジス川、ブラマプトラ川の水源であり、さらにヒマラヤ外縁水系の川として黄河や長江の水源ともなっています。また何百もの湖が存在しており、最大の湖はインドとチベットの境界のパンゴン湖です。高原、河川、平野もあり、またガンジス川、ブラマプトラ川によって約６万平方キロメートルという広大な三角州がつくられています。

ヒマラヤ山脈は非常に冷たく乾燥した北極風がインド大陸に吹きつけるため、南アジアを温暖にしています。またジェット気流や偏西風のような大気の流れに大きく影響を与えています。そのため西南ア

インド大陸の移動

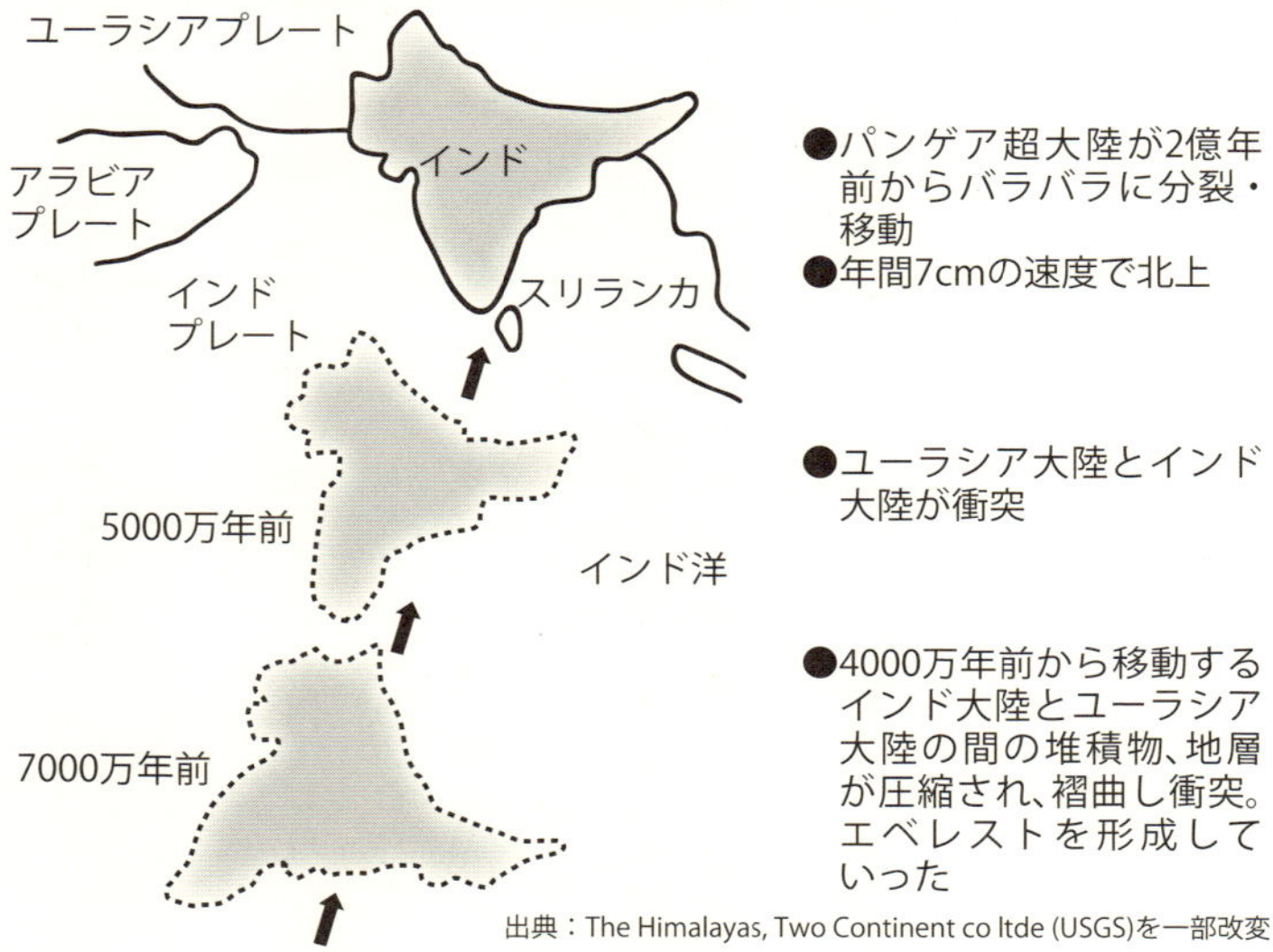

出典：The Himalayas, Two Continent co ltde (USGS)を一部改変

ジアには大インド砂漠を、東南アジアを湿潤な気候に、ヒマラヤ南麓を多雨地帯にしています。

ペルム（二畳紀）紀から三畳紀にかけて（約3～2億年前）存在した巨大な「パンゲア」大陸は今あるすべての大陸をくっつけた一つの超大陸をつくっていて、インドはこの巨大な大陸の一部でした。2億年ほど前に、パンゲアはバラバラになりながらプレートテクトニクスにより大陸が移動しました。

インド大陸をのせインド—オーストラリアプレートがパンゲアから移動し、ユーラシア大陸に衝突しました。インド大陸は、現在年間7センチメートルの速度で北上しています。

ヒマラヤ山脈は、5000万年前から4000万年前の間に、ユーラシア大陸とインド大陸が衝突したことでできたと考えられています。

インド大陸の衝突でインドとユーラシア大陸の間の海底に堆積していた地層が圧縮され、褶曲し、隆

インド大陸の衝突・もぐり込み

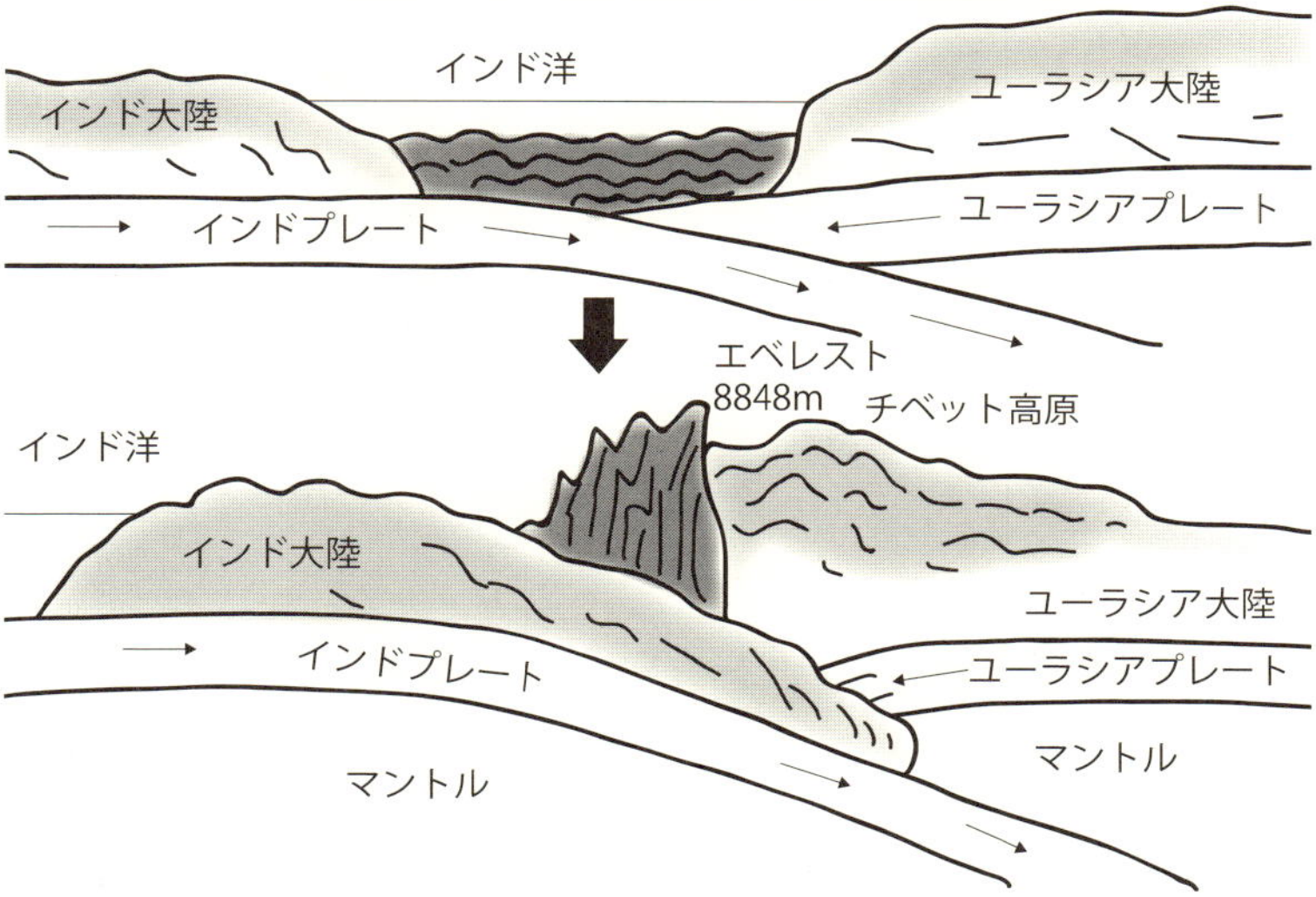

起し、ヒマラヤ山脈がつくられていきました。

海底堆積物の地層からなるエベレストの山頂からは、三葉虫、アンモナイト、腕足貝、ウミユリなどの化石が見つかっています。

今もインド大陸は移動し、北上を続け、ユーラシアプレートの下に潜り込んでいます。そのためエベレストは毎年数ミリメートルほど高くなっています。インド大陸の大陸プレートは、海洋プレートに比べ密度が小さく軽いため浮力がはたらき、より隆起しています。巨大な力が働いているためチベット高原やヒマラヤ山脈には多数の断層が発達しています。チベット高原の下は大陸地殻でしたがインド大陸が潜り込むことにより、それまでの大陸地殻の下に大陸地殻のインド大陸が重なっています。そのため平均標高４５００メートルで日本の面積の６倍という広さのチベット高原が形成されました。世界最大級の高原です。

36 プレートが動き、島ができる、富士山ができる

伊豆半島のように、島がプレートにのって動き、かなりの長距離を移動します。インド大陸も同様にプレートの移動とともに動き、ユーラシア大陸の下に潜り込んでいます。

海嶺で山脈がつくられプレートが生まれ、動き、プレートテクトニクスで地形が変形していきます。地質と地形は一体です。

プレートは「プレート＝地殻」といわれ、地球の表面の厚さ（大陸地殻の場合）１００キロメートルほどの岩板からなります。地震や火山活動、大陸移動もプレートの動きに関係します。プレートには大陸プレート・海洋プレートがありますが、常に一定の方向に動いています。

プレート＝地球上で起こる地学現象といわれるほど、地形形成においても無視できない存在です。

プレートは地球誕生後から大陸が形成され、分裂し、移動し、ぶつかり、ふたたび大陸になるなど誕生、移動、消滅（大陸の下に沈み込み、マントルになる）、大陸、と繰り返されています。

海の底だった富士山周辺は、２００〜３００万年前に隆起してきました。北アメリカプレートとフィリピンプレートのユーラシアプレートに滑り込む分岐点にあたります。古富士火山は、現在の富士山の土台です。

相模トラフと南海トラフの延長線上に富士山があり膨大なマグマが供給されたのは70〜20万年前で古

世界の主要プレート

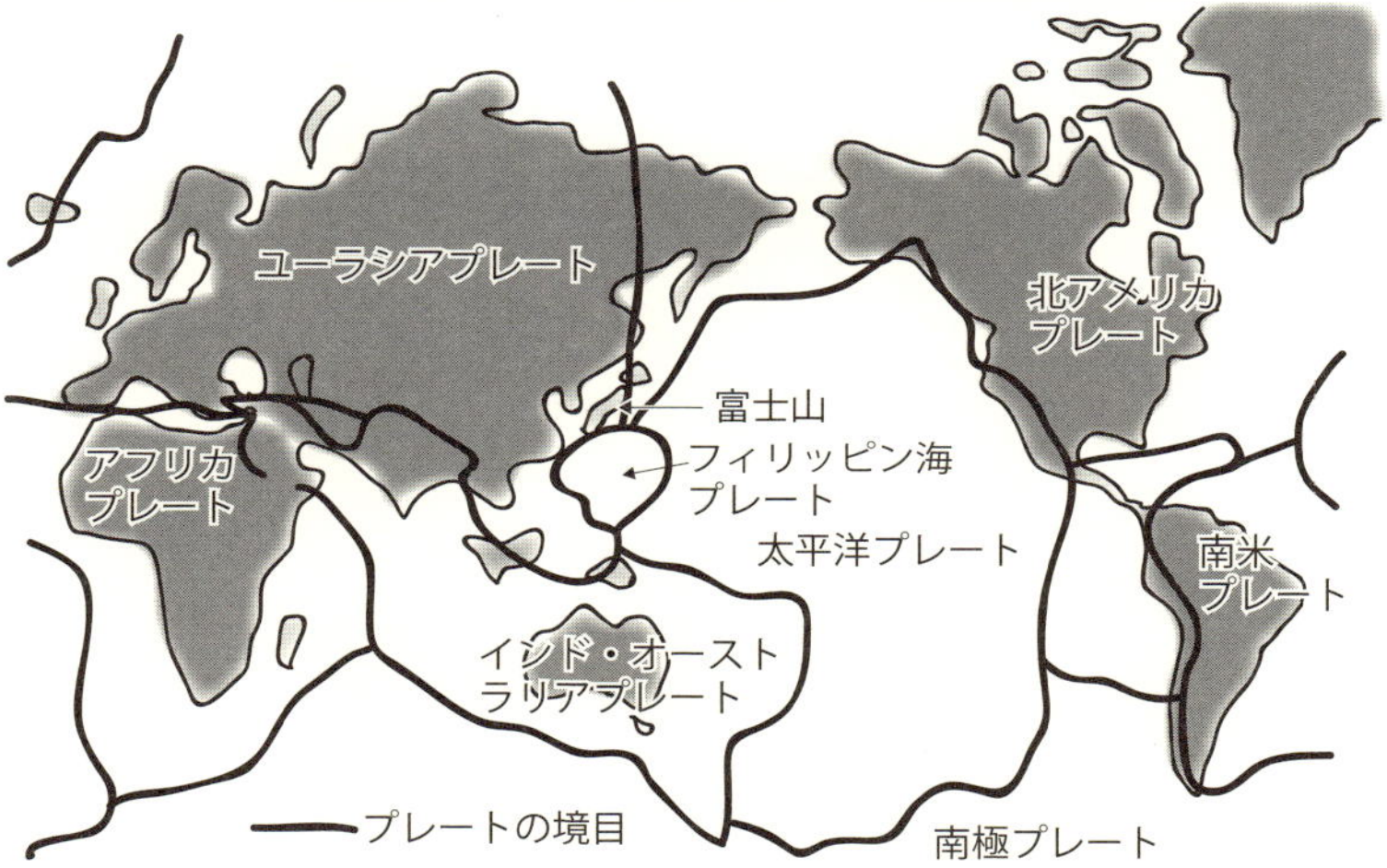

参考：「生きている地球」High School Times（2017年）

富士火山です。「伊豆島」をのせたプレートの圧力で陸のプレートは、圧力やひずみによって地下の岩石を溶かし、マグマ内部の圧力が高まり、地表に噴き出して富士山の噴火になりました。10万年前から1万年前にかけて新富士火山の活動がはじまりました。

１７０７年の宝永の噴火までの1万年ほどの間に１００回を超す噴火を繰り返し今の雄大な美しい富士山になりました。このようにプレートの動きによって、絶景の地形もつくりだします。

なお、富士山の土台となる小御丘と愛鷹の直下は北アメリカプレートとユーラシアプレートの交会部付近にあたり、富士山をつくる溶岩のマグマの供給源であったと考えられます。

富士山の形成

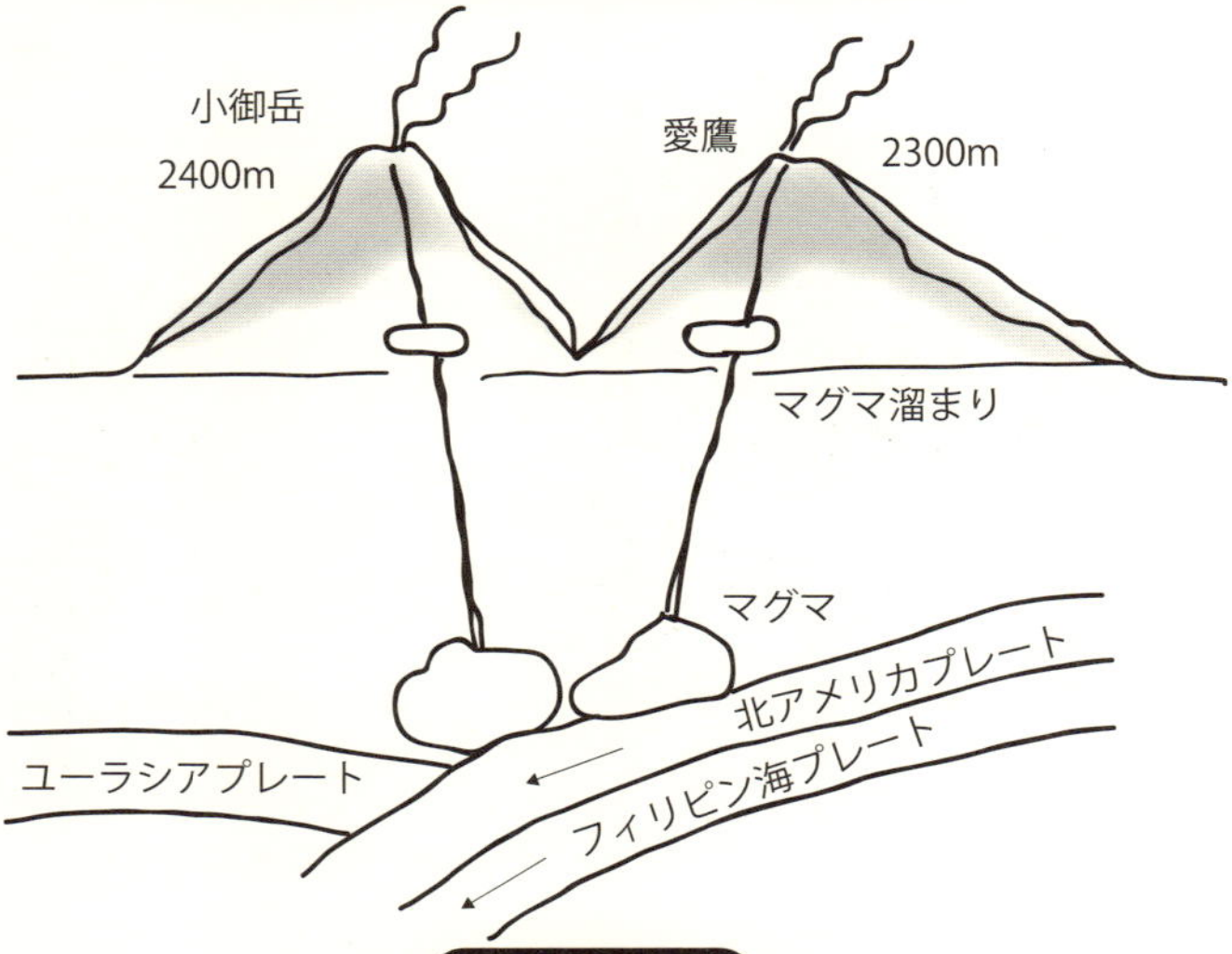

20万年前

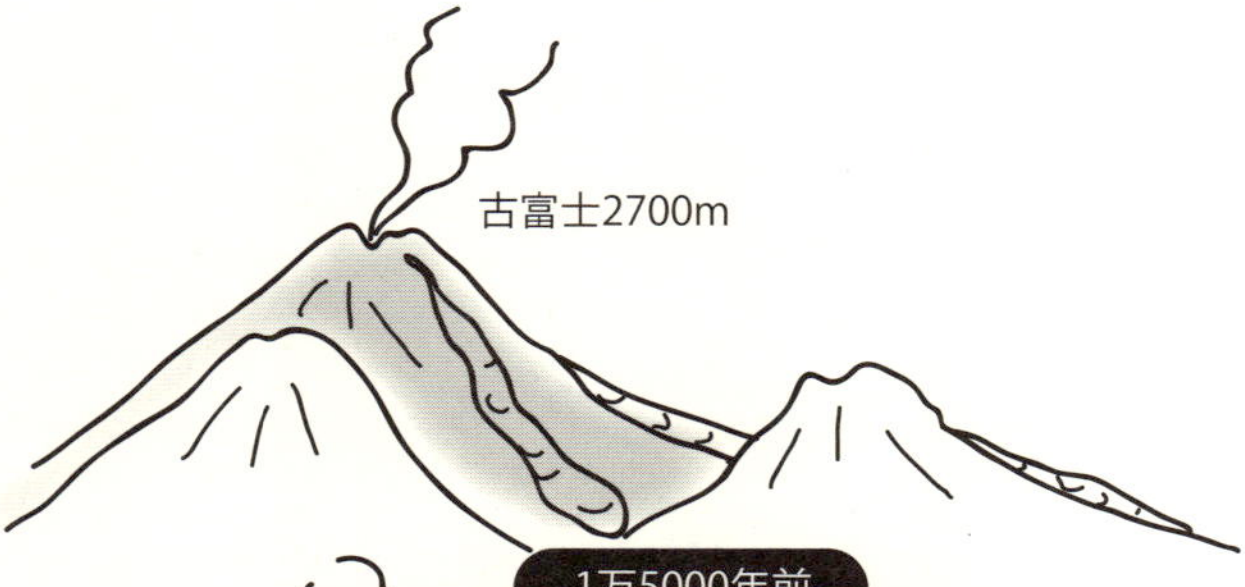

1万5000年前

1万年前〜現在

第6章

様々な地形
——絶景、世界の最果て

37 侵食残しのギアナ高地やグランドキャニオンは絶景をつくる

南米大陸の北部、コロンビア、ベネズエラ、ガイアナスリナム、フランス領ギアナ、ブラジルの6カ国にまたがる「雲の上の天空の秘境」、ギアナ高地は3万平方キロメートルで九州を少し小さくした広さです。オリノコ川、アマゾン川などが流れ、平均標高1000メートルの高地です。ほぼ垂直に切り立った台地のテーブルマウンテンが100以上点在する景観です。

ギアナ高地は、ギアナ楯状地ともいい、最も高いテーブルマウンテンは、ネブリナ3014メートル、ロライマ山2810メートルで小規模の1000メートル以下のものが大多数です。コナン・ドイルの小説"The Lost World"(失われた世界)の舞台となっています。

ギアナ高地の岩石は20億年前の先カンブリア紀の砂岩や珪岩の地層が、堆積したままの水平の状態で隆起し、河川により、高地の周辺からゆっくり侵食がすすんで、まだ侵食が進んでいない台地が「侵食残し」として美しい景色をつくる侵食地形のギアナ高地になりました。造山活動や火山活動などの地形をつくる変動が全くない安定大陸で、卓状地の地域です。

ギアナ高地は大陸移動で回転軸のような場所のため6億年前のゴンドワナ大陸が分裂するとき、移動せず、気候は変わらず、熱帯気候のままです。テーブルマウンテンのアウヤンテプイは標高2535

ギアナ高地のでき方

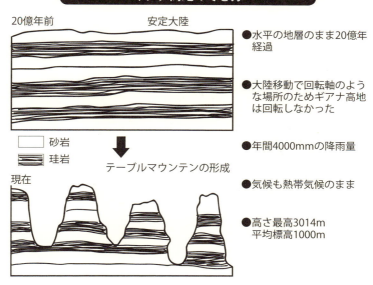

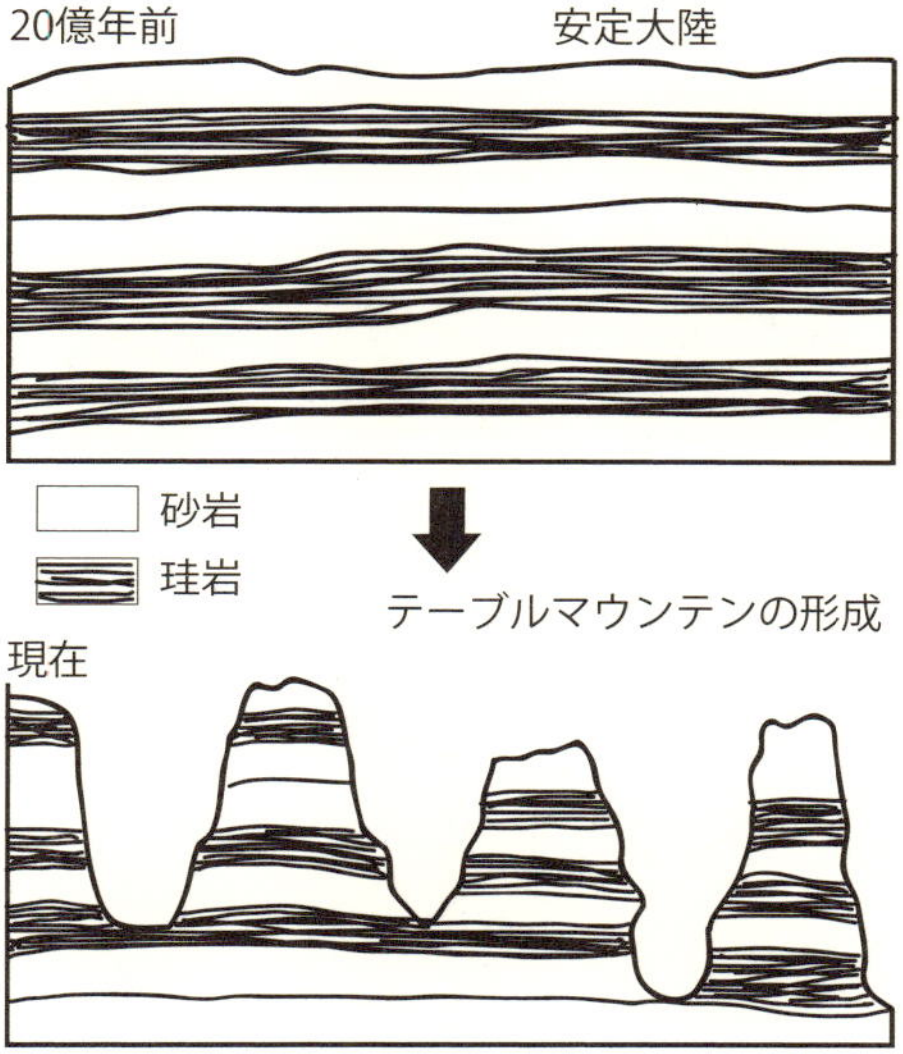

メートルで、世界一の落差９７９メートルのエンジェルフォールがあります。頂上は1億年の間の豪雨や風によって侵食され、奇妙な形の岩石になっています。年間４０００ミリメートルを超える降水量があるギアナ高地です。

米国アリゾナ州北部の峡谷、グランド・キャニオンもギアナ高地と同様、侵食でつくられた地形で、侵食残しです。海抜２１００メートルで長さ４４６キロメートル、幅６～29キロメートルという巨大な地形です。数百万年ともいわれる長い時間をかけて隆起した大地がコロラド川により侵食され、深い渓谷をつくりだした侵食地形です。壮大な景観をつくりだしています。国立公園で、１９７９年に世界遺産に登録されました。

グランド・キャニオンには先カンブリア時代からペルム紀までの地層が累重して露出しています。断崖は平均１２００メートル、深いところでは

ギアナ高地

1800メートルにも達する渓谷です。数百万年という長い時間をかけながら侵食しています。

グランド・キャニオンは7000万年前、地殻変動により隆起しました。ロッキー山脈が誕生し、西側に流れ出た水がコロラド川となり、4000万年前に侵食が始まりました。ここでは17億年から2億4500万年前までの地層が観察されます。古生代の一部は大規模な地層の侵食が生じ、欠如しています。最も古い層の先カンブリアの海面の上昇や低下などの環境変動も記録しています。地層は原初期の北米大陸の辺縁部で、海進と海退が繰り返され、浅い海、沿岸は一部沼地などで堆積環境も明らかにしています。石化林、恐竜、肺魚、腕足類、サンゴ、軟体動物などの化石が見つかっています。風成砂丘の証拠も存在しています。200万年前に現在のような峡谷になり、120万年前には全体が現在の深さにまで達し、今もなお、侵食は続いています。

グランドキャニオンの形成

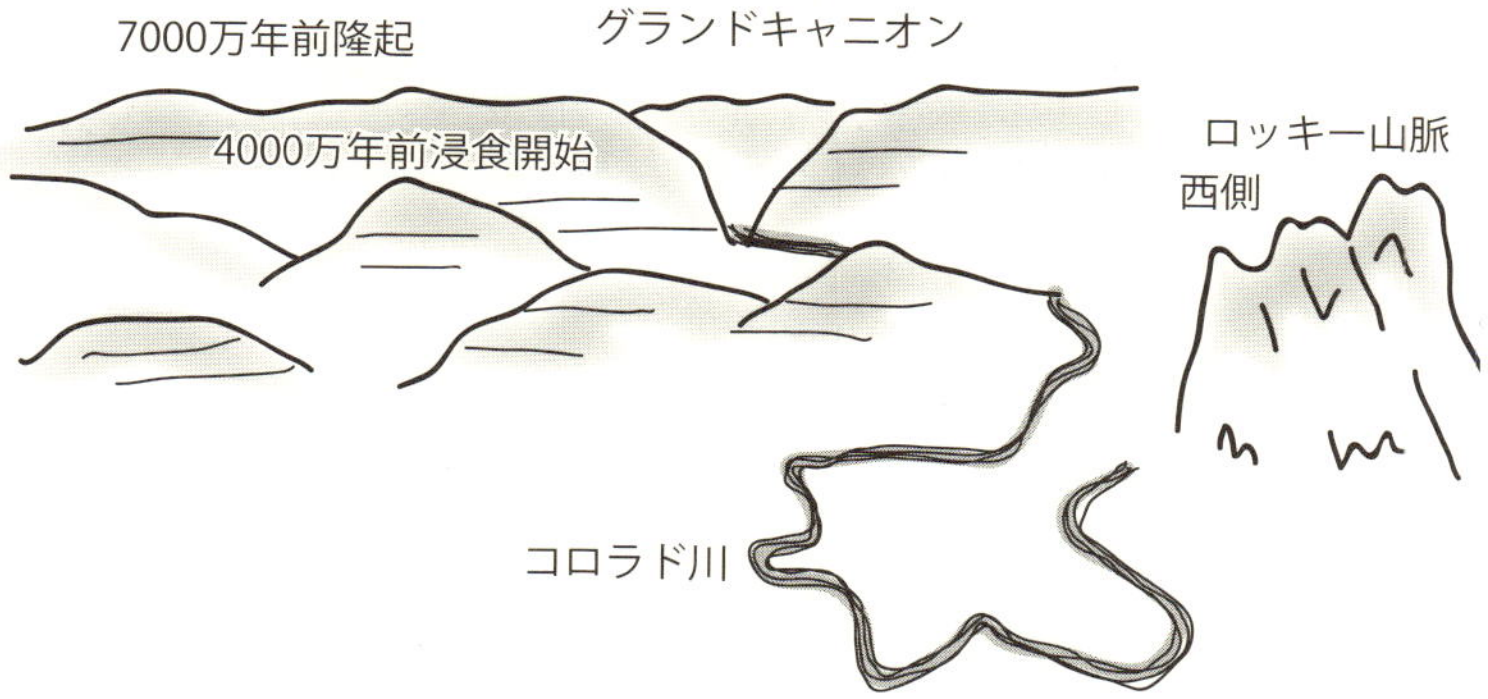

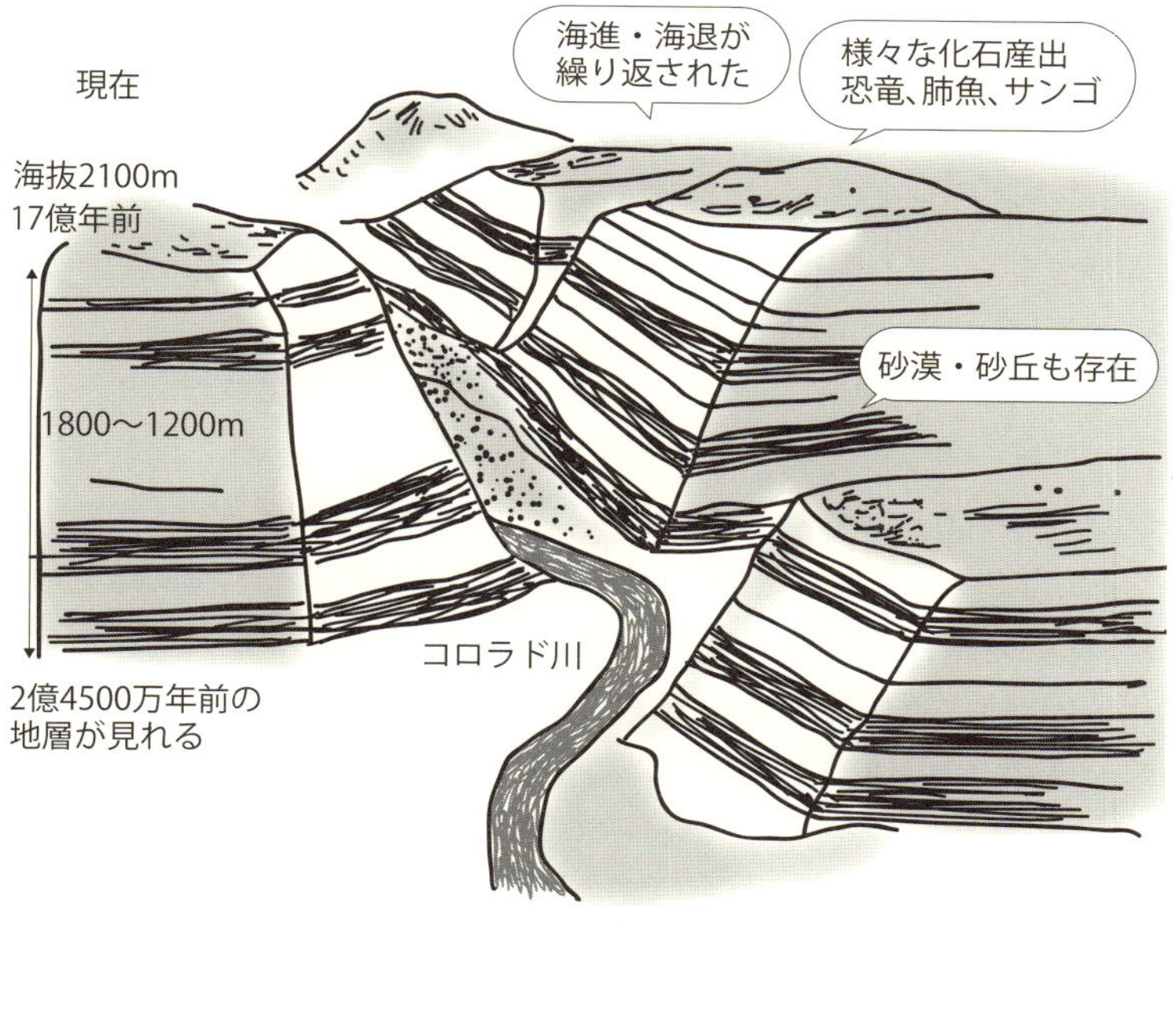

Column

原爆の実験場だった カザフスタンの草原は安定大陸

真っ青な空に草原が広がっています。空と草原しかなく、地平線ははるかかなたで、見渡す限り草原が続いています。草原の近くにカザフスタン北東部の東カザフスタン州の都市、人口25万人のセメイ市があります。8年前までセミパラチンスクと呼ばれていました。ドストエフスキーがシベリアに流刑された後、兵役勤務していたところです。草原の北端を北極海に注ぐイルテッシュ川が流れており、草原の下は「アンガラ楯状地」で、安定大陸の平らな基盤です。ほとんど起伏がありません。

旧ソビエト連邦時代、1949年にセミパラチンスク市の西方150kmの草原地帯、アンガラ楯状地に「セミパラチンスク核実験場」が開設されました。面積約18,000km^2、100×180kmという大きさで、四国の面積に相当するほどの広大さです。

スターリンの命令でソ連の原子力プログラムが開始され、イーゴリ・クルチャトフが、この核実験場で指揮をとりました。現在は原子力研究センターとなり、その広場の銅像になっています。

1989年までの間に合計456回の核実験が行われ、うち116回の実験は大気中で行われ、実験場の草原と村が点在するその周辺地域に多くの放射性降下物が降り注ぎました。

セメイ市から100kmほど西では、放射能によるがん、白血病などが異常に発生し、重病人を多く抱えるロシアとの国境近くのドロン村の村人は「原子爆弾の実験で牧畜も畑もできなくなったよ。放射能のせいだよ。村の生活が破壊されてしまった。村は死んだよ」と嘆いていました。

平坦な楯状地は、放射能汚染で使えなくなってからはカザフスタンの所有です。放射能は人間の生活をすっかり変えてしまいました。

38 砂漠の中の砂丘
――サハラ砂漠

「荒野」を意味するサハラ砂漠は、アフリカ大陸北部にあり、広大な広さで面積920万平方キロメートル、南北1700キロメートル、東西4800キロメートル、日本の24倍、世界最大の砂漠で、アフリカ大陸の3分の1近くを占めています。サハラ砂漠はほぼ平坦な地形です。西端で大西洋に面し、北端ではアトラス山脈および地中海に接し、東側はエジプトと紅海に面しています。年間を通しほとんど雨はふりません。エジプト、チュニジア、リビア、アルジェリア、モロッコ、西サハラ、モーリタニア、マリ、ニジェール、チャド、スーダンがサハラ砂漠に分布する国で、最大の都市はモーリタニアの首都ヌアクショットです。

サハラ砂漠は、標高300メートル程度の台地が広がる地形ですが、中央部はホガール山地、アイル山地など山地の地形です。サハラ砂漠の最高峰はティベスティ山地にある標高3415メートルのエミクーシ山です。

サハラ砂漠は、砂砂漠、砂丘、岩石砂漠からなります。砂砂漠は、風紋のほか起伏がまったく見られない砂床とか砂海ともいう平たんな砂原です。砂丘が発達するのは砂砂漠ですが、砂漠の20％以下を占めるにすぎません。砂漠の中には岩石高地、礫平原、涸れ谷、塩類平原などがあります。サハラ砂漠の約70％が礫砂漠で、残りが砂砂漠と山岳・岩石です。

サハラ砂漠の砂丘

モーリタニア首都ヌアクショットの近郊

砂漠は降雨が極端に少なく、年間降雨量が250ミリメートル以下の地域です。サハラ砂漠は亜熱帯高圧帯の直下に位置し、一年中高気圧におおわれることによって雨が降りません。気象の変化によって数千年単位で北上・南下を繰り返すため、サハラは何度も湿潤地帯となりました。夏季日中は著しく高温で40～50℃に達し、アルジェリアのタマンラセトでは84℃を記録しています。

サハラ砂漠においてもっとも希少な資源は水ですが、サハラは数千年前までは湿潤な地域であり、蓄積された化石水が地下深く帯水層として存在しています。また砂漠北部には石油と天然ガスが埋蔵されていて、アルジェリアやリビアでは巨大油田が開発されています。モロッコと西サハラには燐酸塩が埋蔵され、モーリタニア北部、ズエラットでは巨大な鉄鉱床が採掘されています。このほかニジェールにはウラン鉱床、マリ共和国北部タウデニの塩鉱は10

サハラ砂漠の中の都市

砂漠に埋もれるモーリタニア第二の都市ヌアジブ

月から3月の涼しい6カ月の間だけ隊商が運搬しています。サハラ砂漠北、エジプトの西部砂漠では、リビアングラスが採れます。2600万年前の隕石衝突による熱放射で生成された天然ガラスです。数10キロメートルの範囲に点在しています。無色の薄い黄色で宝石として珍重されツタンカーメンの胸飾りにもなり、砂漠地帯のみで見つかる天然ガラスです。

なおモーリタニアの中央部に「サハラの目」という直径50キロメートルの巨大な環状構造地形のリシャット構造があります。風と季節雨による長年の風化や侵食によって、柔らかい岩石が削られ、ドーム状の隆起運動で形成されました。世界的にも珍しい地形です。

気候変動や人間の活動によってサハラ南縁部では砂漠化が進行しています。毎年約6万平方キロメートルのスピードで砂漠の面積が増えているのです。

Column

サハラ砂漠の砂漠、海岸線、海底は連続してゆく

230両の貨車をつないだ全長3kmにもおよぶ大編成の列車が鉄鉱石を積みサハラ砂漠を走ります。モーリタニアの内陸、フデリック鉄鉱山のズエラットからモーリタニアの第二の都市ヌアディブまで717kmです。「線路の保守は砂の除去が大変だよ。ディーゼル機関車も砂が機械に入り込み点検は欠かせないよ。鉄鉱石運搬の生命線だ」。国の経済の大黒柱であり、モーリタニアの唯一の鉱山で国営会社のSNIMの社長の表情には厳しさがにじみでていました。

モーリタニアは人口約100万人「砂漠の国」で国中砂だらけです。130mmと極めて少ない雨量です。日本で売られるタコの多くはモーリタニア産です。大西洋岸に面したヌアクショットはモーリタニアの首都で、広大なサハラ砂漠の最大の都会です。主要道路は舗装していますが、ほとんどの道路が海岸の砂浜と変わりません。家もビルも砂地に立っています。人々はサンダルを履き、民族衣装ブブーを着た政府機関の行政官も大臣もサンダルです。気温は20～40℃ほどで東京の異常気象の厳しい暑さに比べれば涼しく感じます。強風の日が多く、砂が舞って曇り空のようになります。

ヌアクショットの海岸は真っ白なきめの細かい砂の海岸が延々と続き、遠浅です。400km北には旧スペイン領の西サハラとの国境近くに70kmの長さの砂州が発達したヌアディブがあります。遠浅で平坦な地形の海岸平野が延々と続きます。途中に世界遺産のバン・ダルガン国立公園があり、ここも遠浅でペリカンやフラミンゴ、渡り鳥の楽園です。ボラなど魚が多く集まるからです。厳しい砂漠にも楽園があります。大西洋とサハラ砂漠の境はありません。砂漠が海底として連続しています。満ち潮で海面が上昇すれば海底になり、陸上になれば砂漠です。砂漠、海岸線、海底は連続していきます。

39 奇妙な景観、カッパドキアの侵食地形

カッパドキアはトルコ中央部、アナトリア高原の中央付近に位置します。カッパドキア観光の中心地がギョレメ国立公園です。1985年、ユネスコの世界遺産（複合遺産）に登録されました。

カッパドキアには奇岩、多くの火山と温泉などがありますが、ここはエルジェス山とハサン山からもたらされた「シラス」が堆積した地域なのです。付近には3917メートルの大型成層火山のエルジエス山と3253メートルのハッサン山があり、新第三紀と第四紀の火山からの火山灰が中央部から南部にかけての東西に延び、分布しています。標高1000メートルの高原地帯に96平方キロメートルにわたり奇岩群は林立しています。奇妙な景観の侵食地形です。

カッパドキアの凝灰岩は長い歳月をかけて風と雨によって侵食され、侵食の進み方の違いで、様々な奇岩地形がつくりだされました。白い奇岩の上に黒い帽子のような岩がのる凝灰岩の「きのこ岩」や「妖精の煙突」と呼ばれるものは、柱のような茎の部分も黒い傘の部分も凝灰岩です。凝灰岩層からなる斜面に不規則に数メートル～20メートルの大きさのきのこが突き立つ景色です。妖精の煙突やキノコと呼ばれ景勝地です。

カッパドキアには多数の地下都市があります、紀元前4000年ころから人々は岩を掘って住居、礼拝堂、学校などをつくりました。凄まじいローマの

迫害と侵略から逃れるため、さらに灼熱地獄、冬の酷寒の環境から生活を守るため、地下に住みつきました。10万人もの巨大な地下都市が形成されました。

不思議な侵食—カッパドキア

「きのこ岩」とも呼ばれる凝灰岩の侵食地形

カッパドキアの形成

火山の噴火	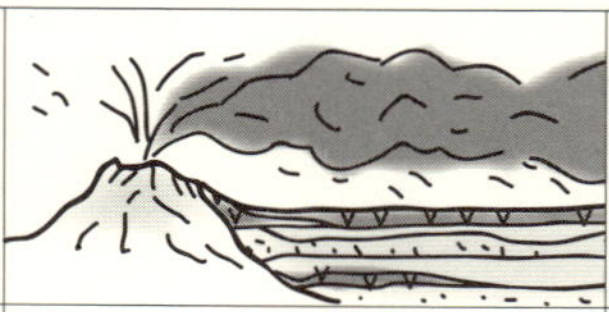	●エルジェス山、ハサン山の噴火で溶岩が流出。火山灰が噴出 ●火山灰、溶岩が堆積していく
火山灰台地の形成	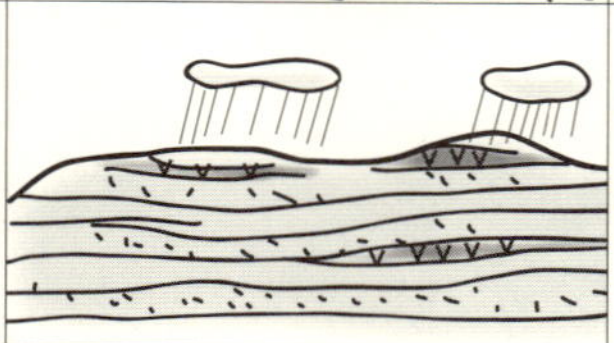	●シラスともいう凝灰岩の台地が形成 ●風雨により台地は侵食されていく
侵食地形の形成	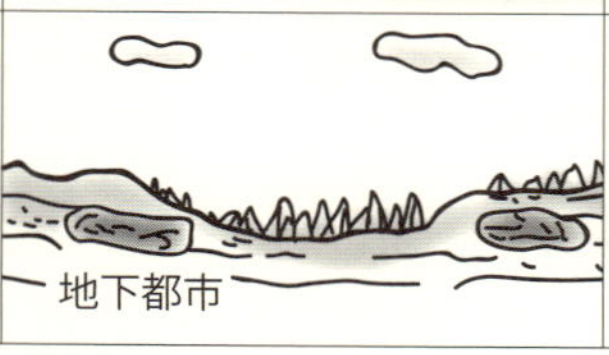	●侵食が進み「きのこ岩」のような奇岩が形成 ●凝灰岩を掘り、地下都市がつくられた

40 雄大な富士山は日本一の景観

日本のシンボルである富士山は、静岡県と山梨県にまたがる、国内最高峰、３７７６メートルで広大で緩やかな斜面と裾野をもつ美しい円錐形で、数少ない玄武岩でできた成層火山です。２０１３年６月、日本人の山岳信仰や文化的意義が評価され、「富士山―信仰の対象と芸術の源泉」として世界文化遺産に登録されました。

小御岳火山、古富士火山、新富士火山の噴火活動によって今の富士山になりました。河口湖、西湖、精進湖、本栖湖の４つの湖の湖水景観と樹海などの優れた自然景観をもちます。スカイラインは、山頂に近づくにつれて急になり、裾野に向かい大きく広がり際立った美しさを表わしています。

玄武岩質の溶岩は、粘性が低く、流れやすいため広範囲に広がり、溶岩洞穴や溶岩樹型などの地形をつくりました。溶岩樹型は、溶岩流が樹木を焼いたため、幹にあたる部分が空洞として残ったものです。

10万年前に誕生した富士山の噴火が始まったころ、箱根火山はまだ活発に噴火していました。富士山は、10万年前～約１万年前まで古富士の時代と約１万年前以降の新富士の時代に分けられています。

古富士は爆発的な噴火をして、大量のスコリアや火山灰、溶岩を噴出しました。そしてこの時代に標高３０００メートルに達し大きな山体となりました。現在の富士山は、古富士火山を覆って発達しました。

富士山の特徴

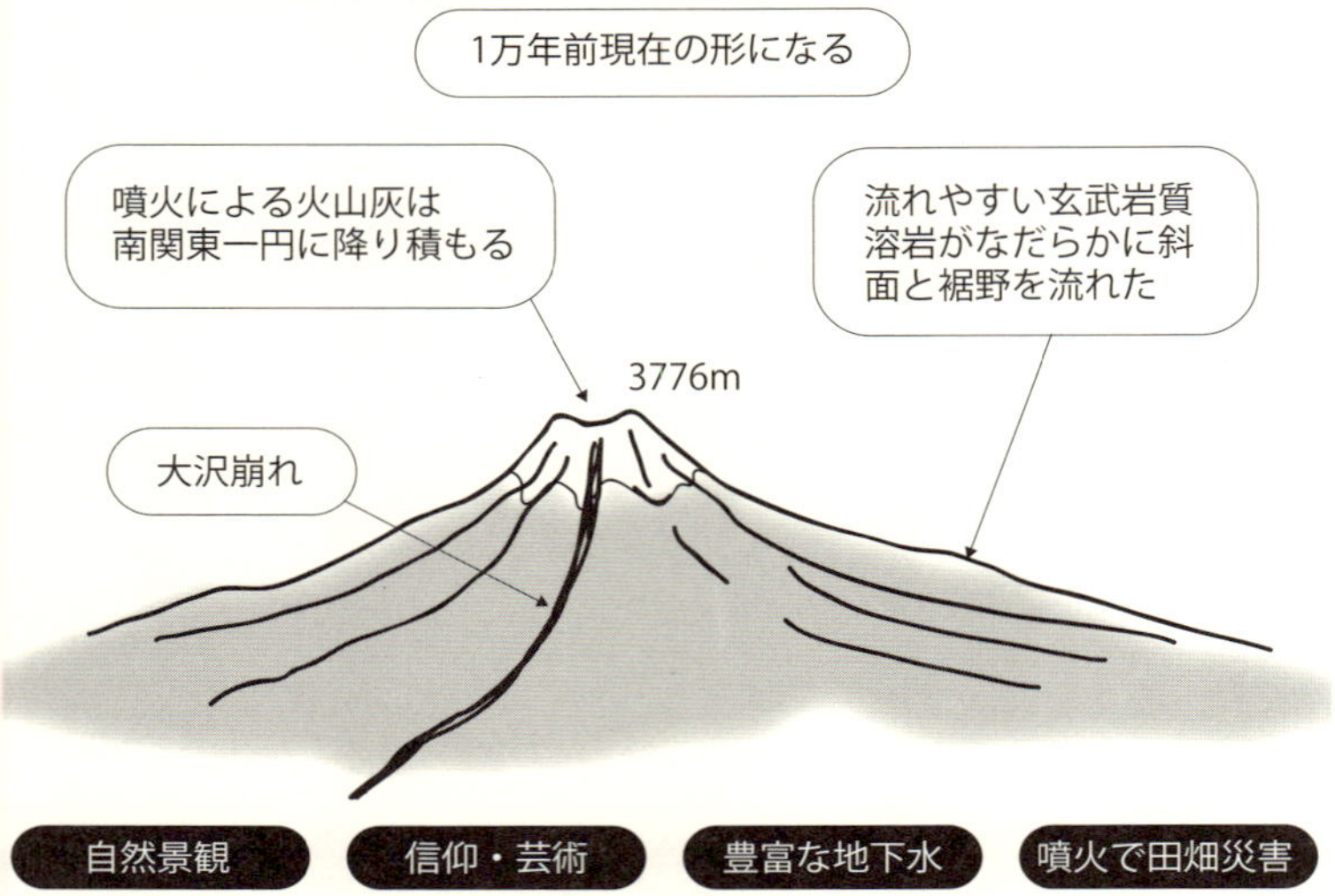
1万年前現在の形になる
噴火による火山灰は
南関東一円に降り積もる
流れやすい玄武岩質
溶岩がなだらかに斜
面と裾野を流れた
3776m
大沢崩れ
自然景観
信仰・芸術
豊富な地下水
噴火で田畑災害

富士山は、1万年前ほぼ現在の形になった、まだ若くて新しい火山です。少しずつ侵食がすすみ、谷も刻まれています。大沢は大沢崩れといい、富士山の最大の谷です。山体の西側の頂上の火口直下から標高2200メートル付近まで達する大規模な侵食谷で最大幅500メートル、深さ150メートルで毎日275トンほどの土砂が崩壊しています。約1000年前からでき始めたといわれています。

火山活動で噴出した火山灰は南関東一円に降り積もり、黒ボク土という黒や褐色の土壌となりました。富士山周辺では豊富な地下水が湧出しています。清水町の柿田川や湧水白糸の滝などで良質の飲料水としても使われています。広大な裾野は早くから人々の生活の場となり、農耕が営まれ、集落も形成されてきています。また信仰、文学や芸術の対象でもあります。すばらしい自然景観ですが、繰り返される噴火で田畑などが災害を受けています。

富士山の構造

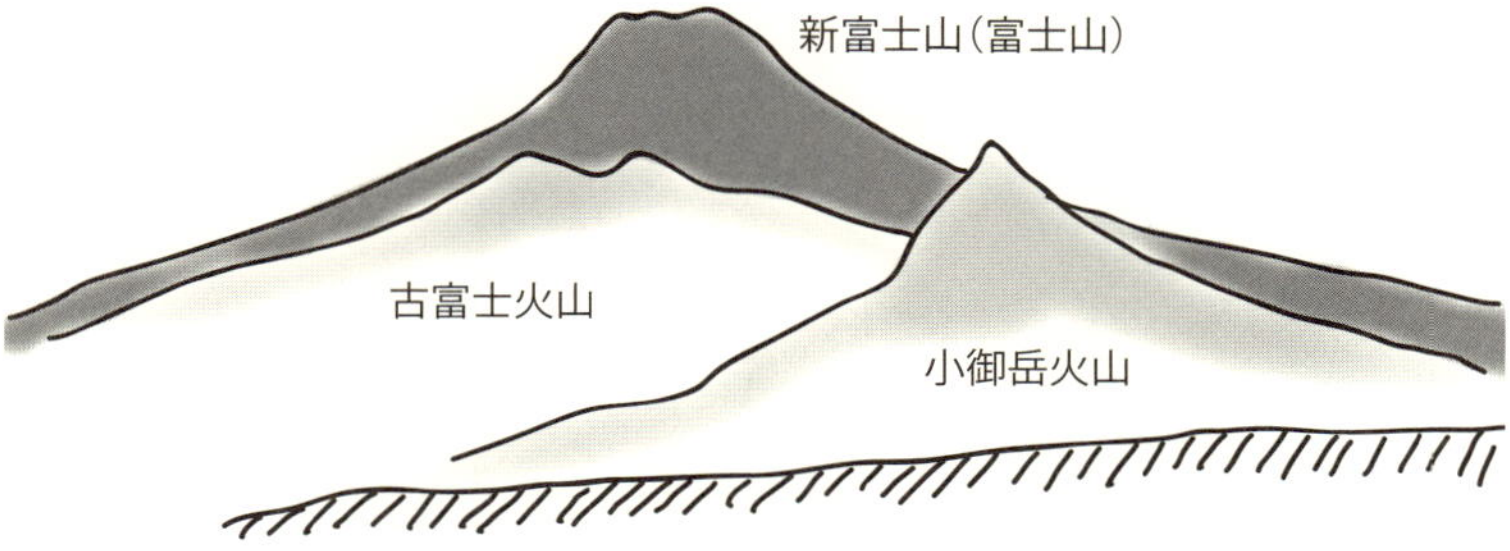

富士山の噴火史

時代、噴火年	特徴
3000年前　縄文時代	4回爆発的噴火、スコリア噴出
2900年前　縄文時代	大規模な山岳崩壊、泥流
802年　延暦大噴火	相模国足柄路閉鎖
864年　貞観大噴火	せの海（湖）が溶岩流で埋め立てられた
937年	御岳湖（河口湖の隣）が埋まる
1015年	北麓と南麓で同時噴火
1707年　宝永大噴火	大量のスコリア、火山灰を噴出
	宝永地震発生
	富士山三大噴火の一つ。プルーニ式噴火
1854年　安政元年	8合目で多数の火の手が上がる
1923年	噴気
2012年	噴気

●地震と富士山の活動とは関係有
●宝永大噴火後、大規模な火山活動はない

41 海抜マイナス400メートルの世界一低い死海

死海は西側のイスラエル、東側のヨルダンの境界に位置する塩湖です。死海は最長67キロメートルの長さで、幅は最大18キロメートルです。面積は約1020平方キロメートルの広さで水深平均377メートル最大水深で433メートルです。ヨルダン渓谷にあり、東側には湖面から最高1000メートルに達する断崖がそそり立っています。塩湖の中では世界で一番深い湖で、地球陸域で最低の水域で世界一海水準が低い場所で、地中海海面下400メートルに位置しています。断層構造地形の湖です。

ここは年間を通して雨がほとんど降らない地域で、厳しい気候条件です。地球の表面で最も低い位置にある死海の水面には、ヨルダン川などから日に約650万トンの水が注ぎ込み、その水は行き場がなく閉じ込められます。それでもそれを上回るスピードで死海の水は蒸発し、湖面は年1メートルのスピードで下がっているといわれ、数十年後には湖水が干上がり無くなってしまうかもしれません。

1000万年前、白亜紀以前は海だった地域であり、海底が隆起しました。死海を含む地域はヨルダン地溝帯ですが、500万年前、地殻変動により、パレスチナ高原、ヨルダン渓谷が形成され、断層が生じ、海水が閉じ込められ、死海が生まれました。

東アフリカを分断するアフリカ大地溝帯は巨大な谷で、プレート境界の一つです。紅海からアカバ湾を通ってトルコに延びる断層の北端にヨルダン地溝帯が

死海の位置と構造

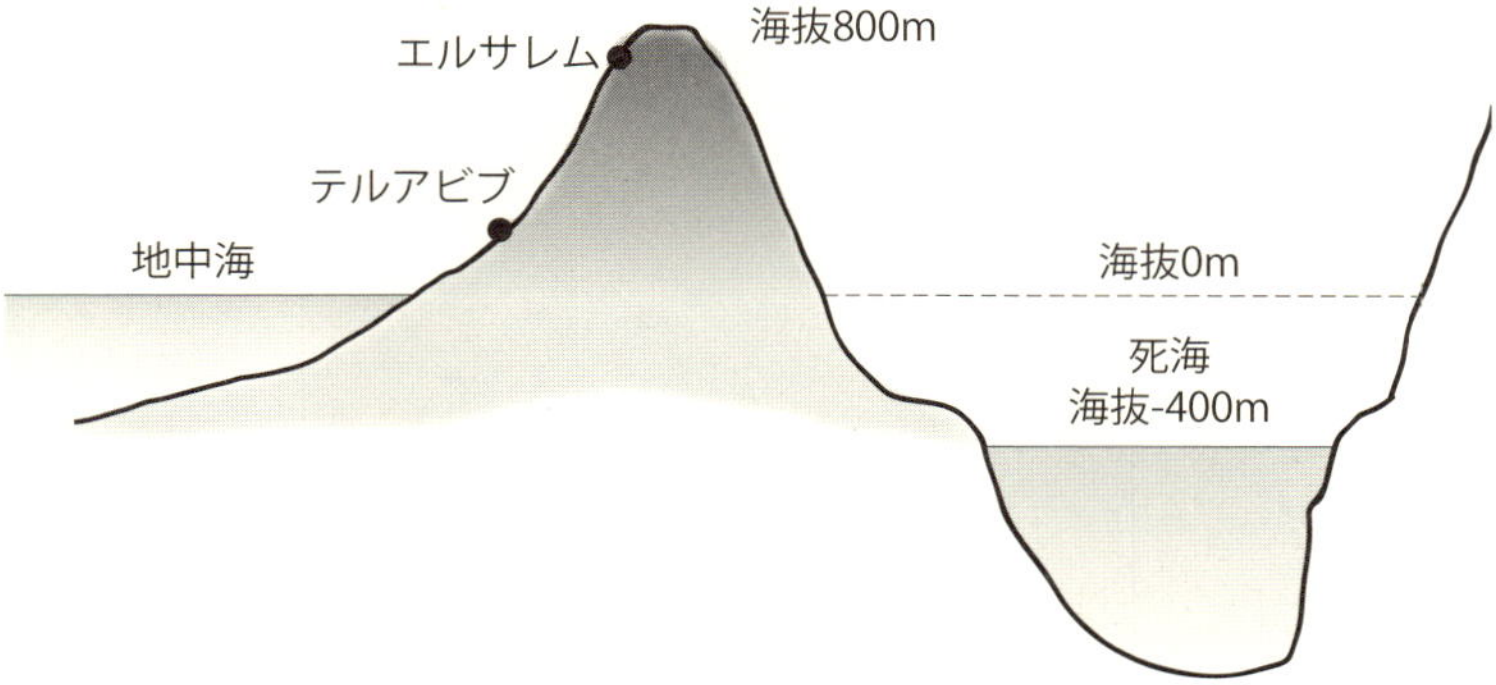

死海の位置

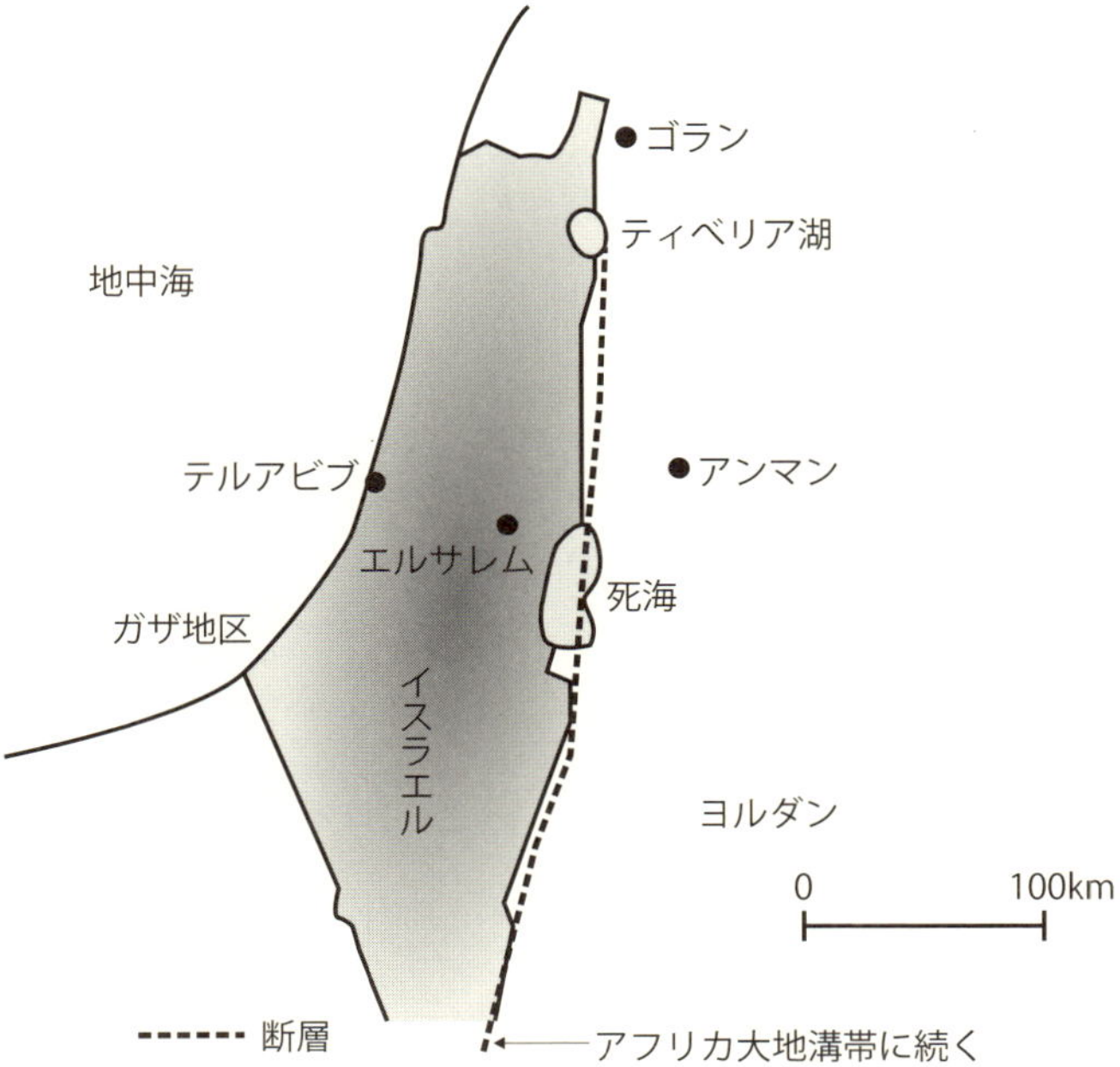

死海

対岸はヨルダン、手前はイスラエル。死海の北の端

位置し、最北端はガラリア湖です。成層火山（最高峰5895メートル）のキリマンジャロ、紅海を結んだ南北の線上です。東西に裂こうとするアフリカ大地溝帯は、アフリカプレートとアラビアプレートの境目にあたります。そのためマグマ活動も活発で温泉も湧きだしています。この構造帯の西側はアフリカプレートで、東側はアラビアプレートです。

死海は塩分濃度が濃く浮力が大きいことで知られています。通常、海水の塩分濃度は約３％ですが、死海の湖水は約30％とたいへん高い濃度です。生物の生息できる環境ではないため、魚類は生息していません。まさに「死の海」です。

また周囲の土壌に含まれる塩分が流され、下流の湖で凝縮するため塩湖が形成され、水が蒸発し、濃厚で豊かな塩とミネラルの混合物が残ります。工業、肥料などの原材料として利用されます。周辺には歴史財産がたくさん残されています。

42 世界最大の滝
——イグアス、ナイアガラなど、滝がどうしてできたのか

河川に段差があると水が落下します。落下するところが滝口で、落下点の水深が深くなるところが滝壷です。このような水の落下が滝で、瀑布ともいいます。落下の落差5メートル以上が滝です。

川の流れが地殻変動で変わりやすい山岳地帯に多く滝があります。断層や火山活動などの突然の地質変化でも形成されます。

断層や侵食、湧水などや溶岩流により川がせき止められれば滝が形成されます。滝は地殻運動で生じた傾斜の変換部などに生じ、侵食作用が進行すると、滝は次第に上流に向って後退します。華厳滝は男体山の溶岩でせきとめられた中禅寺湖の水があふれ出たものです。

北アメリカのナイアガラ、南アフリカのビクトリア、南アメリカのイグアスは、世界3大瀑布です。イグアスの滝は、アルゼンチンとブラジルの国境パラナ高原の端にあり、幅2700メートル、落差は最大80メートル、大小あわせて275の滝からなり世界一の規模です。毎秒6万5000トンという膨大な水量です。イグアスの滝は白亜紀のパラナ玄武岩です。マントルが浅所まで上昇したため、大量に部分溶融し、マグマが噴出（洪水玄武岩）し、約1億年前に洪水のように広く大陸に流れ、大規模な溶岩台地を形成しました。黒褐色の火山岩で、洪水玄武岩は2回の大噴火があり、これが滝にも反映され2段になっています。

世界最大の３つの滝

イグアスの滝

- アルゼンチンとブラジルの国境
- 大規模な溶岩噴出し、溶岩台地２股の滝ができる
- 巾2700m
  落差80m
- 水量1秒当たり1746t

ビクトリアの滝

- ジンバブエとザンビアの国境
- 粗粒玄武岩に柱状節理が発達し侵食し滝を形成
- 巾1708m
  落差108m
- 水量1秒当たり1088t

ナイアガラの滝

- カナダと米国の国境
- ケスタ地形が滝の形成に関係
- 巾1203m
  落差51m
- 水量1秒当たり2407tm

ヴィクトリアの滝はジンバブエとザンビアの国境に流れるザンベジ川の中流にあり、断崖の幅が１７００メートル、滝の落差１０５メートルと、イグアスとともに世界最大規模です。水量は毎秒６万トンです。火山のマグマ噴出後粗粒玄武岩が冷却し、柱状節理が発達し、この節理に沿いザンベジ川が玄武岩を侵食し、滝を形成しました。粗粒玄武岩は地殻変動でマントルが上昇し、約１億８０００万年前に火山活動が起こり、侵食により固い玄武岩質の地層部分が残り渓谷になりました。

ナイヤガラの滝は、カナダのオンタリオ州と米国のニューヨーク州とを分ける国境でエリー湖からオンタリオ湖に流れるナイアガラ川にあり、カナダ滝（落差56メートル、幅６７５メートル）アメリカ滝（落差58メートル、幅３３０メートル）ほかにブライダルベール滝があります。平均毎秒２４０７トンの水量です。１万年前のウィスコンシン氷河がシルル紀の石灰岩などからなる台地を削り、氷河が溶け、エリー湖とオンタリオ湖の間のケスタ地形が滝の形成に関係します。このように滝の形成は地質構造に密接です。ナイアガラの滝は年間３センチメートルほどの侵食が進んでいます。

ナイアガラの滝を迂回するためには全長４３５キロメートルのウェランド運河がつくられています（１９１３～１９２３年に建設）。標高差１００メートルのところを船が往来し、年間４０００トンの物資が運ばれていて、８個の水門があります。

43 ヨーロッパ最北端氷河地形のノールキャップの絶景

スカンディナビア半島はスウェーデンとノルウェーとロシアとの国境地帯です。260万年前に始まった氷河期の間に大西洋の海水面が下がりました。バルト海、ボスニア湾、そしてフィンランド湾はなくなり、ポーランド、バルト諸国、スカンディナビア半島は地続きになっていました。1万年前に終了しましたが、厚さ4キロメートル近い氷に覆われたスカンディナビア半島は氷が溶けながら硬い岩を削り、多くの谷川が深く刻まれ、海が入り込み、フィヨルドが形成されました。

ヨーロッパ最北端のノールキャップはスカンディナビア半島最北の岬です。大陸と7キロメートルほどの海底トンネルでつながるマーゲロイ島は面積440平方キロメートル、標高417メートルで樹木の無いツンドラの荒涼とした丘陵地帯の美しい地形です。北極海に面してそそり立つ断崖絶壁の岬で高さ307メートルです。位置は北緯71度10分、東経25度47分で北極点からは2102・3キロメートルで、島の先端で壮大な景色が広がります。

マーゲロイ島を含むスカンディナヴィア半島は先カンブリア時代の30億年前の結晶変成岩や花崗岩などからなるバルト楯状地と古生代前期のカレドニア造山帯をうけた粘板岩など堆積岩層におおわれた安定大陸です。氷の重量によりスカンディナヴィアの全地形が沈降しその氷が消失した後、100年につき1メートルほどバルト楯状地は再び隆起しています。

氷河地形、マーゲロイ島

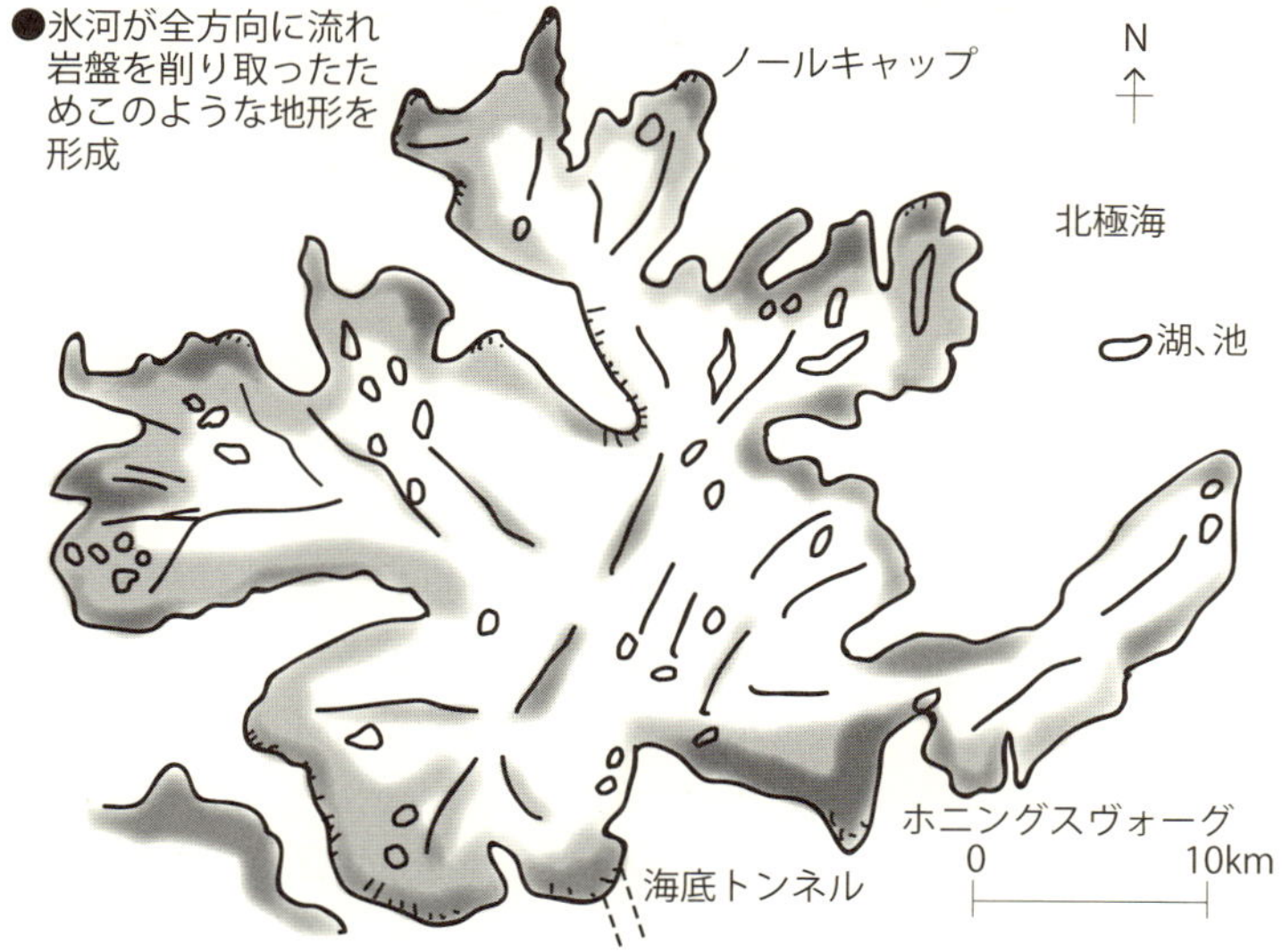

ヨーロッパ最北端の岬（ノールキャップ）

Column

「幸福の国」ノルウェーは全土がフィヨルド

全土が氷河地形で、フィヨルドの国ノルウェーは「世界で最も幸福な国」として国連が公表し（2017年版「世界幸福度報告書」）「福祉」「自由さ」「健康」「収入」「寛容さ」などで評価されました（米国14位、日本51位）。1人当たりのGDPも世界4位、世界で最も男女平等が浸透している国です。国民の生活水準は非常に高く、世界屈指の豊かな福祉国家です。むろん極めて税金も物価も高いですが、平均年収も非常に高く、世界2位（日本18位）です。「ノルウェー人に生活がどうか」と聞くと、「いい国だ、給料も高いから生活はしやすいよ」と皆いいます。経済の根幹は石油・天然ガス産業と漁業です。

ノルウェーは、スカンディナビア半島西岸に位置し北極海、ノルウェー海に面し、農地は国土のわずか3%、人口525万人と小国並みです。国土は日本とほぼ同じで38.5万㎢です。ほとんどが氷河、岩山で海岸から内陸には氷河による侵食作用で形成された、複雑な地形の峡湾・入り江であるフィヨルドが発達し、観光地になっています。

数万年かかり、数千mも降り積もった雪が固まり、氷へと変化し、山の斜面を下り、滑りながら底の岩を深く鋭く削り取り、深い谷をつくりました。氷河時代の終わりごろに氷が融けて海面が上がり、海水が入り込みソグネ・フィヨルドなどフョルドができました。長さは200km、水深と両岸の断崖はともに1,000mを越えます。

日本人にはなじみの薄いノルウェーでは、海・山・フィヨルドの自然に囲まれながら、多くのノルウェー人は別荘や船をもち、夏はヨット、冬はスキーとアウトドアライフを楽しんでいます。

第7章

地形は社会の
発展に
大きく影響する

44 土地として利用価値が高い扇状地の形成と役割

日本は山岳地が多いため、扇状地が数多く存在しています。扇状地は、水はけがよく地盤も安定しているため土地の利用価値が高い地域です。総土地面積から林野面積湖沼面積を差し引いた面積が可住地面積です。可住地面積に占める扇状地の割合は約7％です。

水の流れが狭い谷間から急に傾斜の緩い広い低地に出ると、流速が遅くなり、川幅が広くなります。運ばれてきた礫、砂、泥は流路沿いの平野部に堆積します。堆積は山側を頂点として半円錐形に、すなわち扇状に堆積した地形をつくっていきます。そして堆積しながら自然堤防を築いていき、堆積した土地が高くなります。しかし洪水が起きれば自然堤防を超えて氾濫し、平野部の低い土地に土砂が運ばれます。平野部、すなわち扇状地ですが、河川はより低いところを選びながら方向を変え、扇状に全方向に堆積していくため扇状地になっていきます。

扇状地は上から扇頂、扇央、扇端部に分けられています。砂礫の堆積で水の流れる河道が高くなり、洪水を繰返しながら、その流路を変え、砂礫は低所に堆積していきます。

扇状地の形成には、上流域に削剥や侵食される地層などがあり砂礫の供給源があること、砂礫の運搬される急斜面があること、豪雨が時々あることなどが、必要ですが、とくに地形と気候が形成されるための重要条件になります。

扇状地の形成・役割・課題

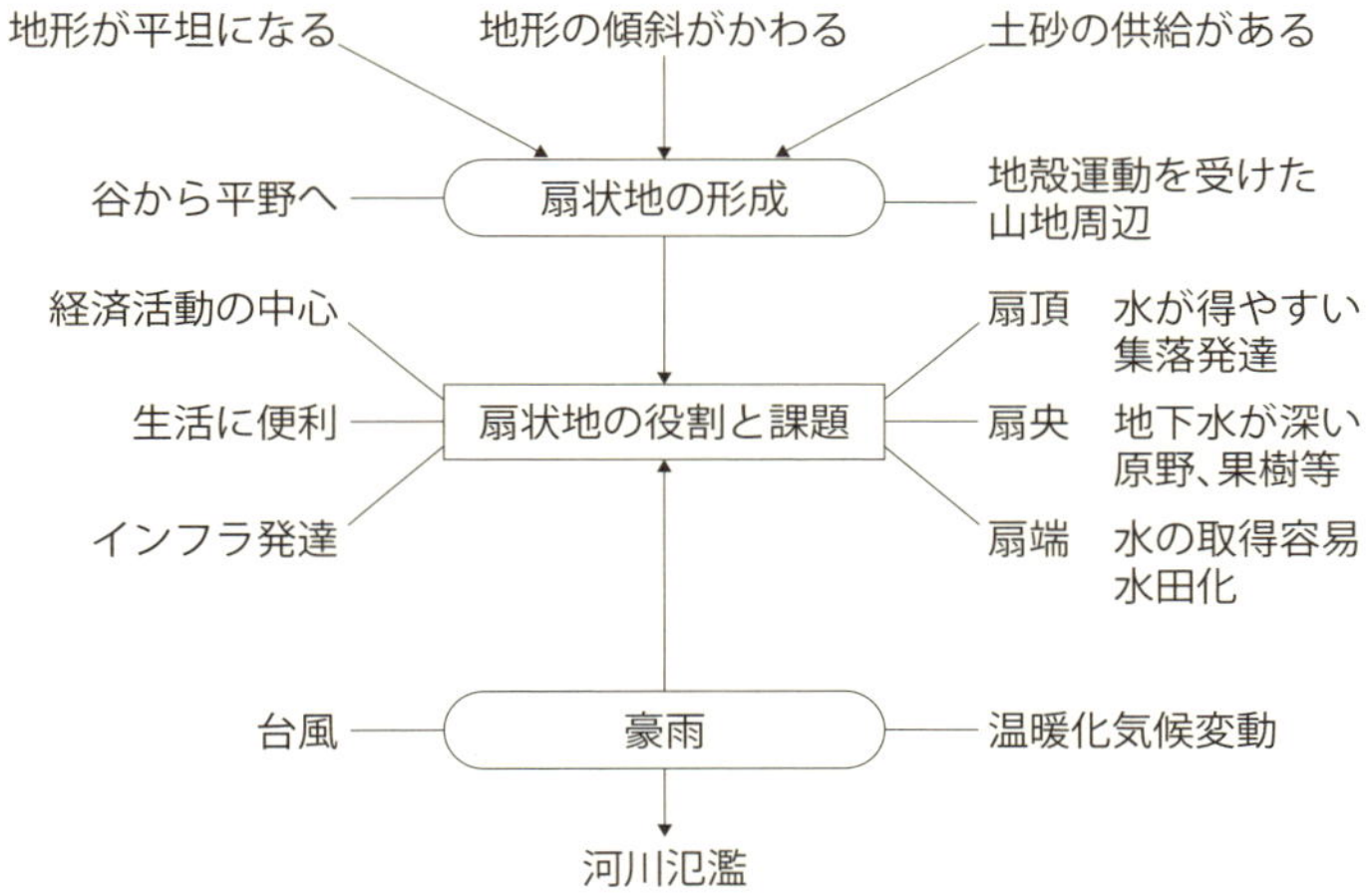

扇状地の構造

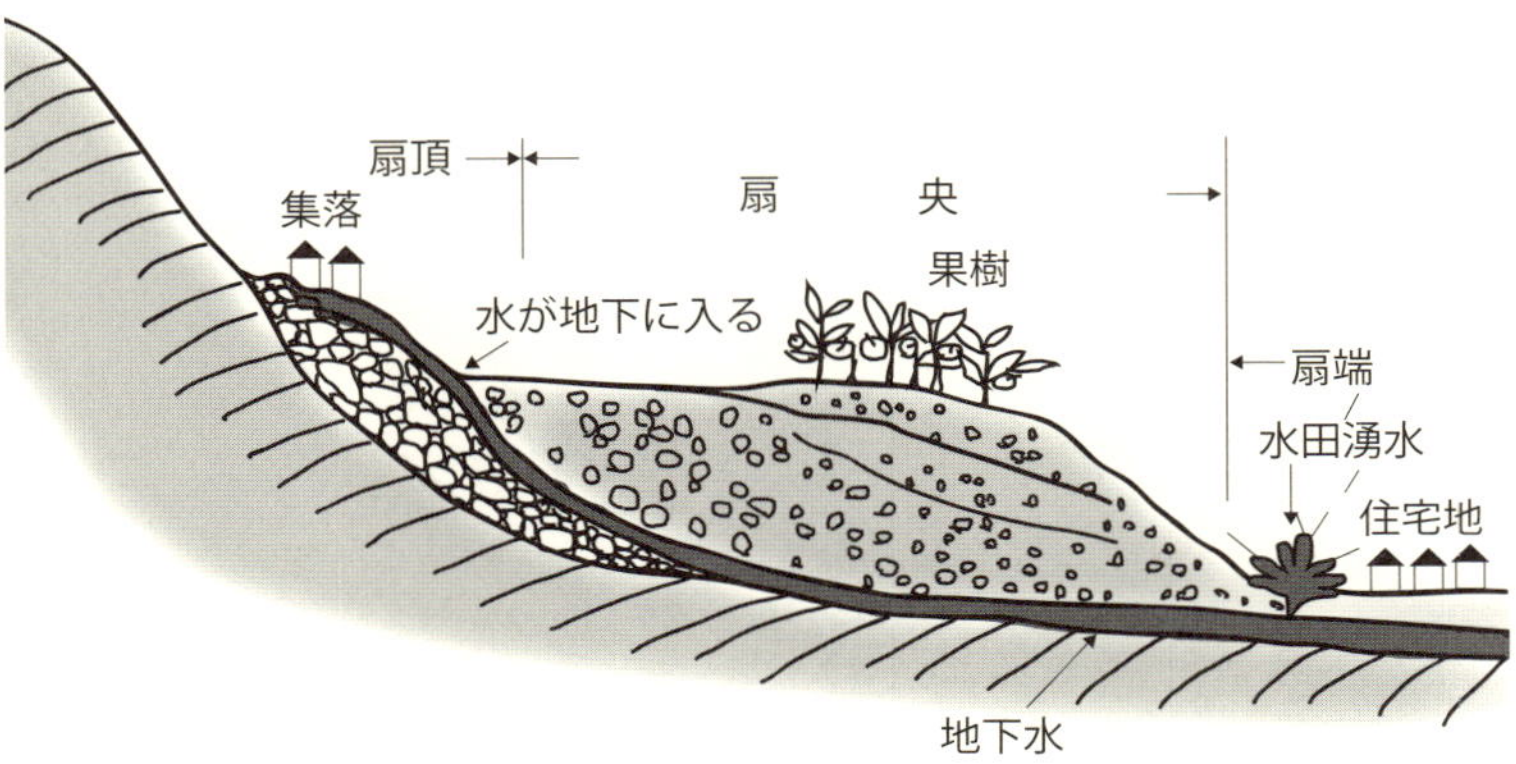

扇央部付近では川の水は砂礫中に浸透し地下水になります。伏流水です。地上での水量が減少し、あるいは水無川になり、地下に浸透した川の水は扇端部で再び湧出します。そのため水が得られやすい扇端部に集落が発達していきます。

扇頂部も水が得やすく、古くから集落が発達してきました。しかし、扇央部は地下水が深いため地下水開発が遅れ原野のまま放置されたままでしたが、水を十分必要としない果樹や野菜や麦畑など農業用地に利用されてきています。今では帯水層からの水圧を利用した自噴井が設置できるため、水の取得は難しくありません。果樹園などに利用され上水道と交通網の整備により新興住宅地となってきていきます。用水の整備や客土により扇央部も水田化されている扇状地もあります。

扇状地は環太平洋や、アルプス山脈、ヒマラヤ山脈などの各造山帯と乾燥地域によく分布していきます。そして地殻運動を受けた山地の周縁にも発達しています。

熱帯は岩石の化学的風化が著しいため礫ができにくく、扇状地は発達しにくい環境です。

扇状地は地形が平坦で水が得やすく、古くから農地として利用されてきました。交通のインフラも発達しやすいため、生活に便利であり、様々に利用されています。そのため人口が増加し、都市化が進んでいます。

札幌市や富山市など扇状地が経済的活動の中心地になっている都道府県はすくなくありません。扇状地は河川が氾濫を繰り返してきたところですから、最近の集中豪雨などが発生した場合、洪水氾濫が起こりえます。地球温暖化現象が進んでいけば異常気象が普通になり、危険性の高い地域になるでしょう。災害に備えた対策を立てていくことが今後の重要な課題といえます。

45 関東平野の形成と都市の形成

　関東平野は構造盆地に形成されました。表層は河川の砕屑物や火山灰の堆積物です。広さ1万7000平方キロメートルとたいへん広く、1万8000平方キロメートルの四国の面積ほどで日本最大の巨大な平野です。関東平野は、一都六県におよび、西、北は妙義山、足尾山地、日光白根山・男体山、那須岳、箱根山などの関東山地に囲まれています。東は九十九里浜、南は房総丘陵、多摩丘陵、東京湾です。

　河川は北西部山地から東南方向に向かって流れており、太平洋に注いでいます。主な河川は利根川、鬼怒川、荒川、多摩川などです。富士山、箱根山、浅間山、赤城山、男体山・那須岳などの火山活動に由来する火山灰が広く覆い、火山灰土壌の関東ローム層が形成されました。また武蔵野、下総などの台地や狭山丘陵などがあり、霞ヶ浦、印旛沼などの湖沼が分布しています。

　関東平野は、新第三紀以来続く、関東造盆地運動によって現在の関東平野の中央部を中心にして沈降がおこり周囲の山地などが隆起するという地形が形成されました。この運動により周囲の山地からの土砂が運ばれ扇状地をつくり平野になりながら3000メートルという非常に厚い堆積層となり、周辺の山地がさらに隆起し、丘陵や台地が形成されました。中央構造線などの巨大な構造線は平野の中央部、地下3000メートルに存在が考えられ、

関東平野の特徴

●堆積層の厚さ3000m
17000km^2

●周辺の山地が隆起

↓

土砂の供給

↓

扇状地形成

↓

平野の形成

●基盤は中生代古生層
古期岩層

●中央構造線は平野の
中央部に推定

●都市が発達

3000メートルの厚さの軟らかい地層によって、発見されていません。地震の発生原因となる活断層の発達もおおわれています。構造盆地の基盤は中生代の秩父古生層や小仏層などの古期岩層などです。これらの地層は、関東山地など周辺山地にも分布します。

火山噴火の降灰、地表の侵食・堆積などで、平野の地形が形成されました。3000年以上前、縄文時代末期から弥生時代にかけ関東平野はほぼ現在の地形になりました。

関東平野は都市が発達しています。都市の形成には人口の集中が必要です。道路が発達しやすい平野の地形に都市が形成されていきます。都市化は、山地の内側で起こりますが、商業、流通などの発達や人口の集中が飽和状態になれば都市が拡大されていきます。地形的な条件や交通の整備、水の確保などが都市化には不可欠です。

関東平野の形成

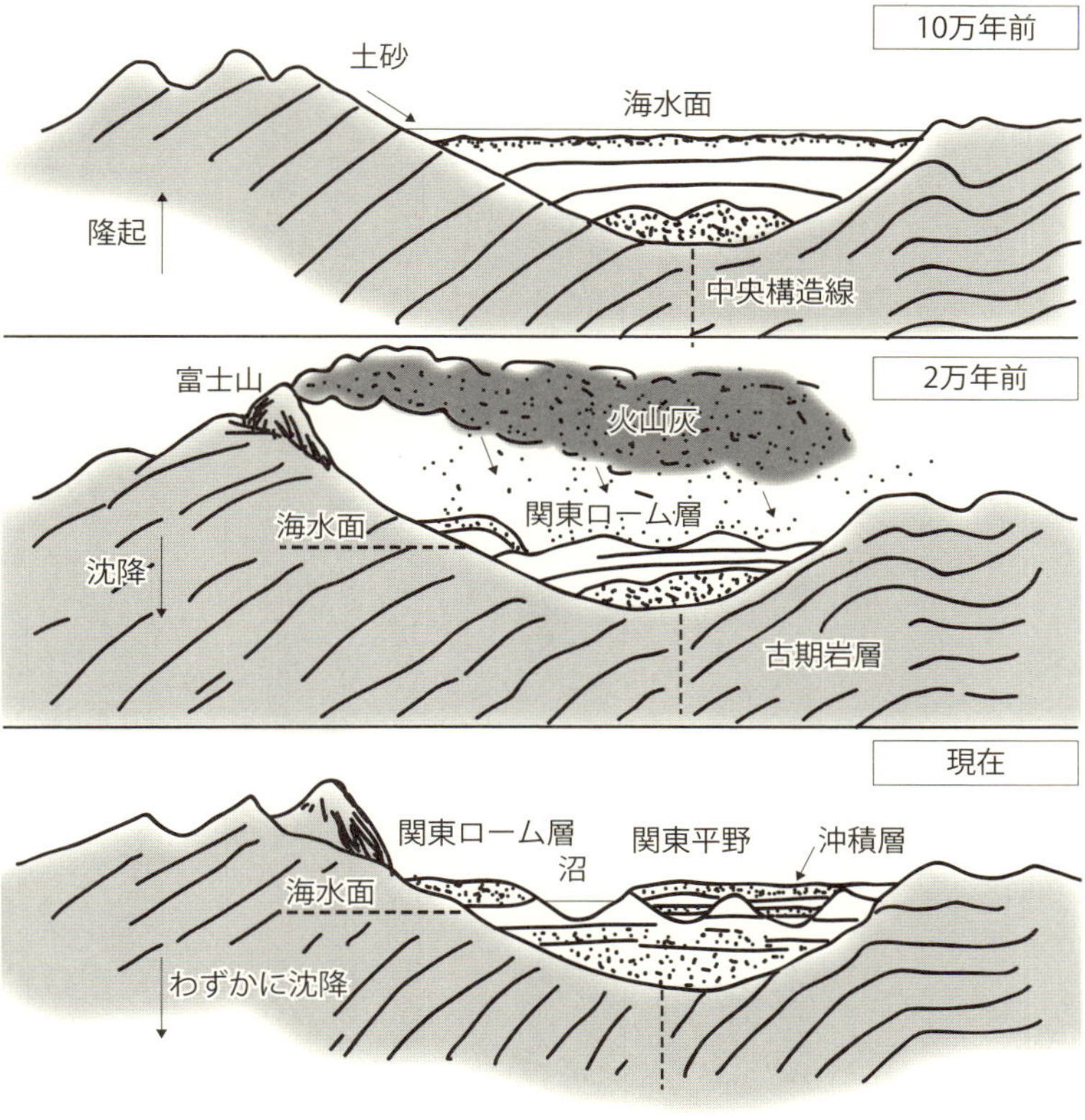

関東平野の形成プロセス

●10万年前関東平野は山に囲まれた海。海底は盆のような形。厚い地層

●2万年前～6000年前（縄文時代）海底が陸化。V字谷形成

リアス式海岸をつくる

富士山が噴火し、火山灰が堆積し、関東ローム層になる

沖積層をつくり始める

●現在の関東平野となる

46 山が多く平野が少ないという地形を利用した日本の農業

農業にとって地形と気候は重要です。日本は世界でも有数の多雨の国であり、山が多く平野が少ない、というのが特徴です。そのため水田が発展しました。米づくりが、日本の農業の中心です。日本は70%近くが山であり、平野は国土の25%の面積しかありません。ただし農地は13・5%と少なく、英国の農地面積は日本の3倍です。

農地は気候、地形、土壌などの自然的条件の制約をうけていて、栽培できる面積には限界があります。むろん農地にとって平坦な平野が最適です。傾斜している土地は、ほとんどが山など斜面のため、水が流れ、保水が難しくなり、農地として使える土地はかなり限定されてしまいます。地形、気候などを活かして土壌改良によって農地を増やす努力がなされています。

稲作の適地は、安定した水利を得られることが必要です。用水が流れていく管理が簡単にできる土地でなければなりません。土地には元々傾斜がありますが、傾斜が少ない土地や排水しづらい土地は湿地となってしまいます。

近世以前の稲作適地は、沖積扇状地、谷地など小規模で緩やかな高低差がありました。あるいは小規模で扱いやすい地形が連続する隆起準平原などでした。

近世以降は灌漑技術が向上し、水路に水車つけ灌漑や排水が可能になったため傾斜の少ない沖積平野

地形と農業

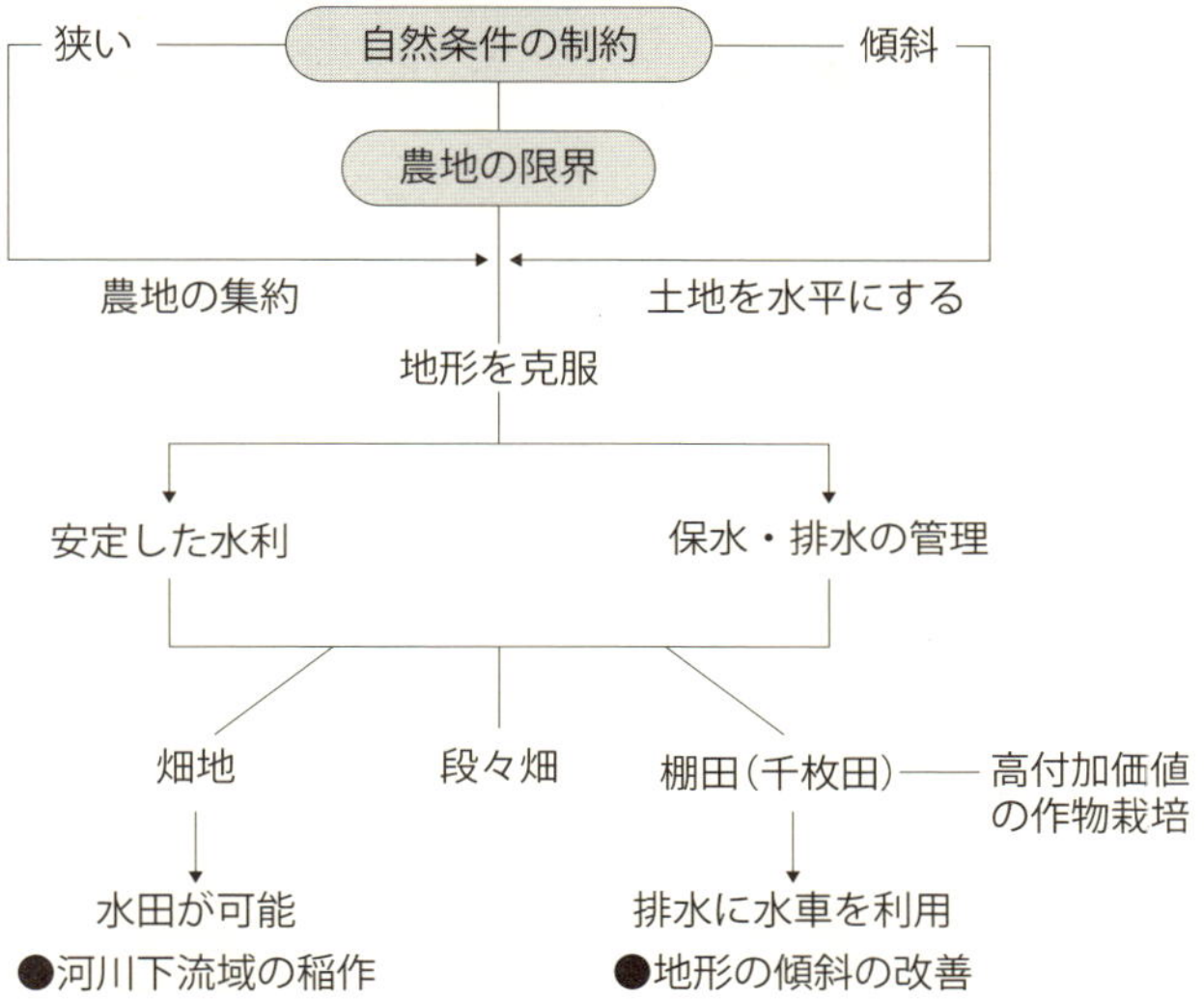

でも稲作ができるようになりました。穀倉地帯と呼ばれるような河川下流域の平野での稲作が広まりました。

棚田は、稲作地で傾斜地にあり、傾斜が急であるため耕作単位範囲が狭くても耕作地を地形に合わせ集約し、水平にして水田にしていきます。単位当たりの面積を小さくして集積させ、保水と排水をシステム化します。千枚田とも呼ばれています。棚田は、排水能力が高いためワサビなどの付加価値の高い作物を栽培している場合もあります。なお長崎県平戸市春日集落は国内初の世界遺産に登録されました。白米千枚田は世界農業遺産「能登の里山里海」の代表的な棚田です。棚田は美しい景観です。観光地にもなってきました。棚田はフィリピンにもあります。中国の雲南省にある棚田は、世界最大ともいわれています。段々畑は棚田と同様に傾斜地の畑であり、地形に合わせ、農地にしています。

47 大都会ニューヨーク、パリ、ロンドン、東京の地形

ニューヨーク、パリ、ロンドン、東京は世界の大都会です。東京がある関東平野については本章44項目で説明しましたが、ほかの大都会については「どんな地形のところで形成されたのか」ほとんど知られていません。

2万年前の氷河期にあり氷床がカナダ全土を覆い、さらに寒冷になり氷床が大きく拡大し、ニューヨークはエンパイステイトビルの4〜5倍の高さの氷河に覆われていました。2000メートルの厚さの氷床の下です。ニューヨークの中心マンハッタンも氷に覆われていました。ニューヨーク州を流れ大西洋に注ぐハドソン川の沿岸は10億年以上前のプレカンブリア紀の玄武岩が60キロメートル以上続きます。地殻の裂け目から熱い溶岩があふれ出ました。柱状節理も発達し厚さが300メートルです。ハドソン川は2万年前に氷河で削り取られたU字型の川です。ロングアイランド湾も同様のフィヨルドです。

マンハッタンの中央の高層ビル群に囲まれたセントラルパークには、氷河で磨かれたマンハッタン片岩といわれる硬い岩石が露出していて、削痕が残っています。また氷河で運ばれ置き去りにされた1・5メートル大の花崗岩の迷子石があります。

ニューヨーク市全体が緩く起伏する火成岩および変成岩よりなる丘陵地形です。地盤は固く、氷河の融解とともにニューヨークの地形がほぼ出来上がり

ロンドンの地形

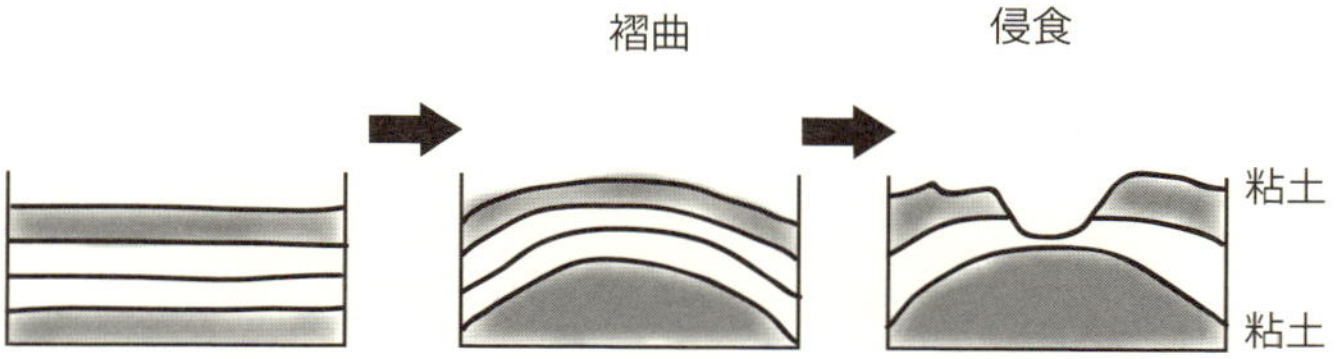

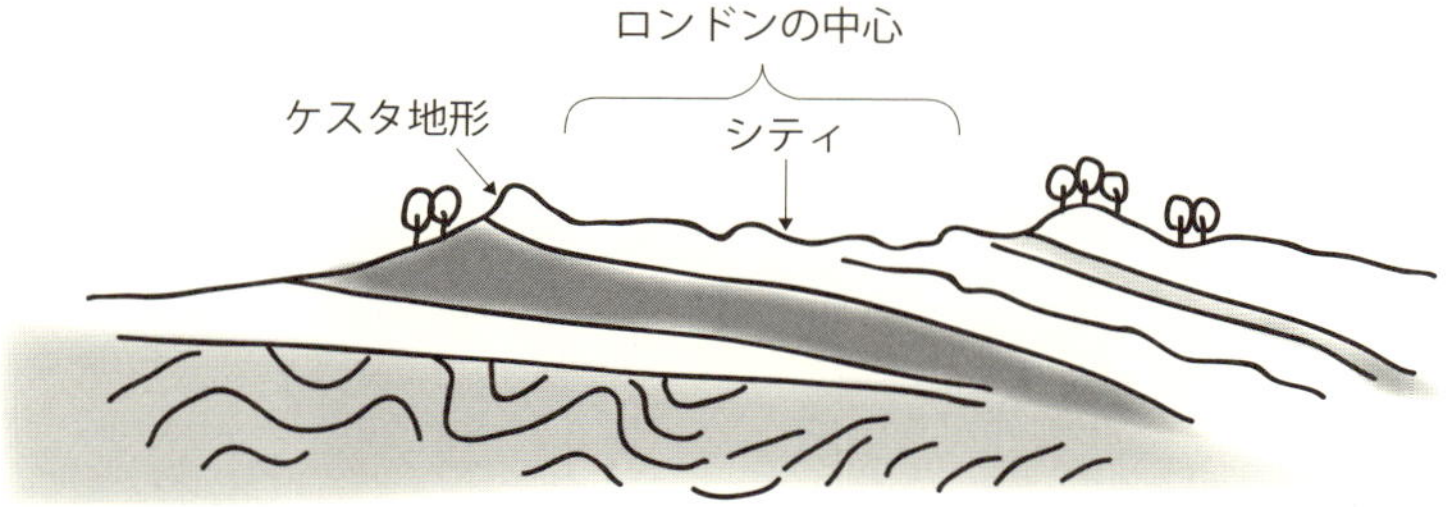

パリの地形

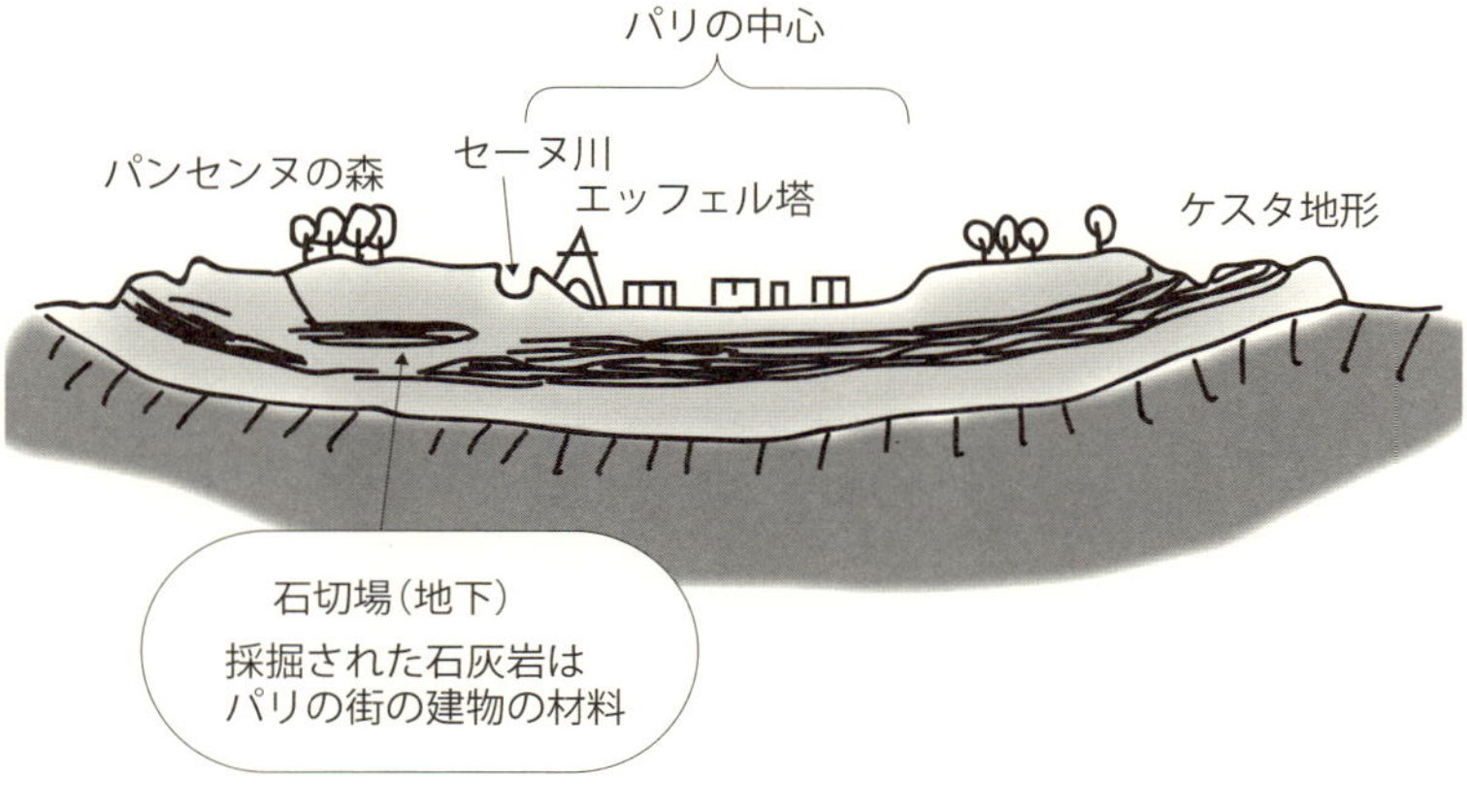

ました。

　ロンドンはニューヨークとともに屈指の世界都市で、世界をリードする金融センターです。ロンドン周辺は向斜構造の盆地の地形で、北西とロンドン北西郊外に広がるチルターン丘陵で長さ74キロメートル、幅は十数キロメートルのチョーク（未固結の石灰岩）からなるケスタ地形です。南東には東西に延びる白亜紀の丘陵のノースダウンズ丘陵が分布します。

　古第三紀に海進を受けたチョーク層の上にロンドン粘土層、バグショット砂層が堆積しました。この海成層が陸化した後、アルプス造山運動期の褶曲作用を受けドーム状に隆起した後、表層の石灰岩が侵食削剥されました。ノースダウンとサウスダウンの間に堆積岩が露出しロンドン盆地の底になります。

　その後砂礫が一部に堆積して低い台地をつくるとともに、氷河によって南方へ押しやられ、テムズ川に多くの段丘が形成、大部分が侵食されてしまいましたが、一部が残り、標高約15メートルのタプロー段丘にロンドンの中心部をなす金融の街シティがあります。

　パリは、ロンドン、ニューヨークに次ぐ世界3位の都市です。モンマルトルの丘は１３０メートルの標高で、パリの地形は平坦で平原と丘陵で堆積岩のパリ盆地をつくるとともに差別侵食を受けた地層が中心部に向かって緩やかな傾斜を形成するケスタ地形でもあります。ケスタ地形のパリ盆地の中央をセーヌ川が貫きます。この川の中州であるシテ島を中心に発達し、パリ市内の地形は平坦です。なお現在のパリの地下には地上のビルをつくった石灰岩の石切場の跡地があります。

　東京は武蔵野台地の末端部であり、台地と低地が入り組み高低差をもつ地形です。臨海部は埋立地です。東京の地盤は沖積層です。

48 社会の発展と地形の関係

社会の発展と地形は深くかかわりあっています。社会の形成には人がたくさん集ってくる必要があり、そのためには地形が重要です。

地形的には、住みやすいところと住みにくいところがあります。住みやすいところは水が確保でき、食べ物が手に入りやすいか、作り出せるところです。さらに移動が可能でコミュニケーションができやすいところです。このようなところは人が集まり社会を形成していきます。つまり衣食住の確保ができるところになります。世界を見渡すと高山、砂漠、極地は衣食住の確保が簡単ではなく、ほとんど人は生活していません。砂漠の場合、サハラ砂漠はアフリカ大陸の3分の1近くを占めるほど広大な広さをもちほぼ平坦な地形ですが、ほとんど人が住めない地域です。一方で砂漠地帯のペルシャ湾に面するドバイは世界的な観光都市です。100万人の人口で、ショッピングモールや最先端の建築物、世界一高い830メートルの超高層ビルのブルジュハリファが聳え沖合には人工島をつくるなど、住みづらい砂漠を克服し、発展しています。

スカンジナビア半島のベルゲンは北緯60度で北極圏に近く氷河地形で山岳地域で、人口30万人ほどの中堅都市です。フィヨルドが発達し、平らな土地が僅かですが、降水量に恵まれ、漁業と観光が経済の柱で多くの家が狭い土地やフィヨルドの斜面に立っています。橋とトンネルで隣接地域とコミュニケー

社会の発展と地形

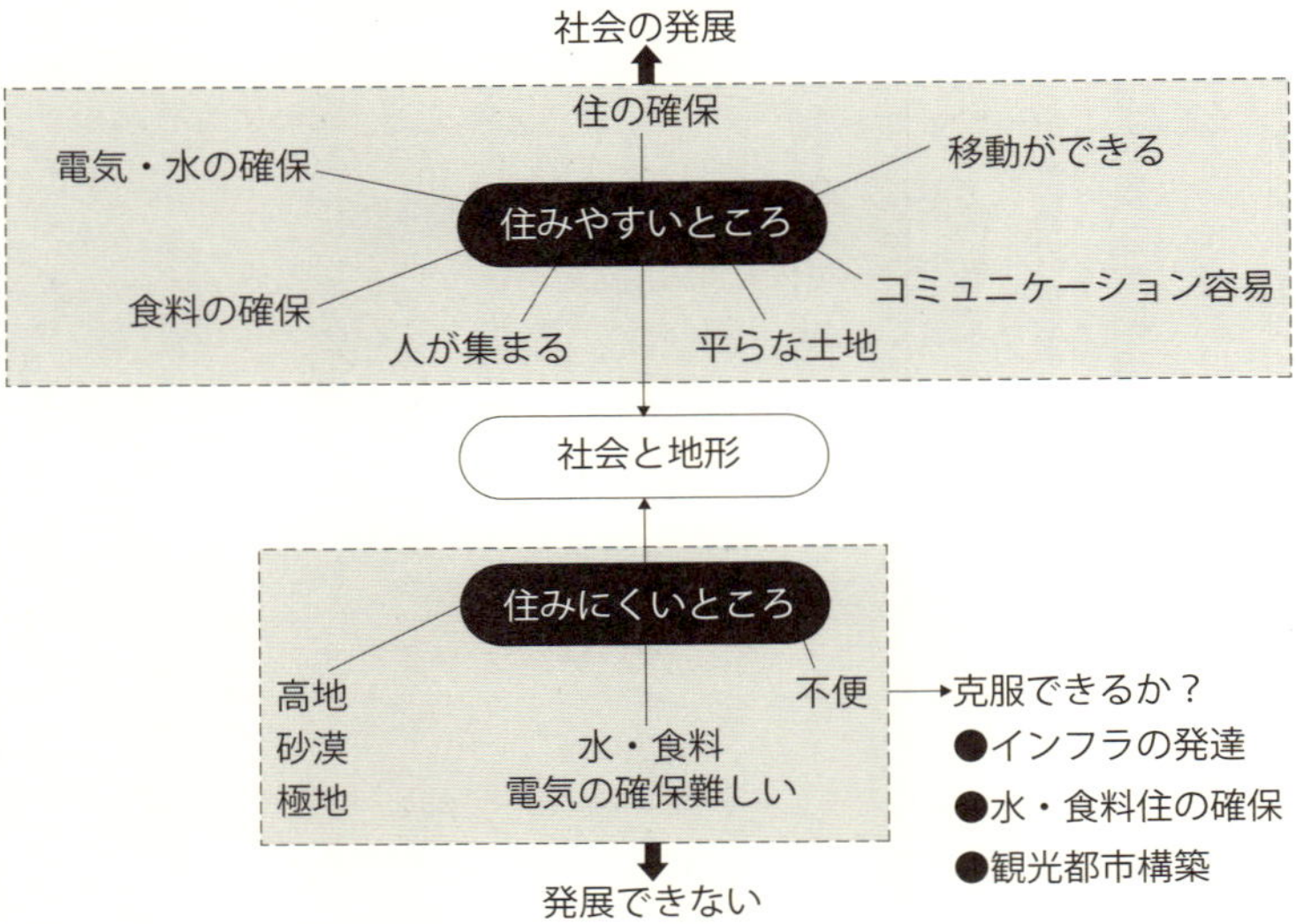

ションでき、都市として発展しています。

日本の国土の約3分の2は山地です。傾斜が急で険しく、海岸まで山が迫っているところも多く、地形的なハンディキャップがあります。それでも限られた土地で日本全土に鉄道網をつくり、山岳地の道路もトンネルをつくり、コミュニケーションの密度を高め、日本中に都市をつくり、食糧も水も電気も安定した供給がなされています。地形もスカンジナ半島に比べればたいへん恵まれ、地形のハンディキャップを克服し、減少させ、社会を発展させてきました。まだ過疎地や不便なところはたくさんありますが、便利な姿になってきています。

人は地形を利用し、障害を取り除きながら社会を発展させてきています。しかし世界の人口も2055年には100億人を突破すると予測されています。人口爆発です。地形的には許容されるでしょうが、食料や水の供給は限界に近づいてきています。

日本の地形と社会

日本の地形の特徴

- 国土の2/3は山地
- 傾斜急で険しい
- 海岸まで山がせまる
- 自然災害の多発

→ 限られた土地

↓

克服

↓

交通の整備　／　人工地形　／　農地整備

- 鉄道・新幹線・ネットワーク
- 高速道路ネットワーク化
- トラック輸送増強
- 高層ビル
- 海外の生産（農業物、海産物）
- 電力安定供給
- コミュニケーション高密度化

↓

社会の発展

日本の平野

- 農業の高層ビル化、地下化
- 災害対策

→ 今後の課題

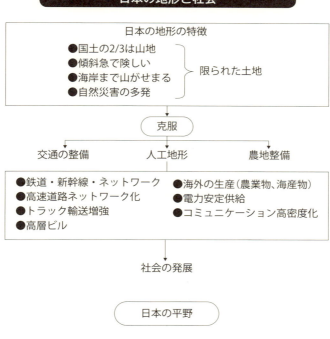

49 自然災害が多発する日本の地形とは？

日本では自然災害が多発しています。２０１１年３月の東日本大震災、２０１６年４月の熊本地震、２０１４年８月の広島市の大規模な土砂災害、２０１５年９月の台風と豪雨による鬼怒川の堤防決壊など毎年、豪雨による土砂崩れ、河川の氾濫で大規模な被害を受けています。

東北地方太平洋沖地震はマグニチュード９・０という大地震でした。津波による災害およびこれに伴う福島原子力発電所事故も発生し、宮城県での最大震度７の激震とともに場所によっては波高10メートル以上、最大遡上高40メートルに上る巨大な津波が押し寄せ、東北地方と関東地方の太平洋沿岸部に壊滅的な被害をもたらしました。埋め立てた場所での液状化現象や地盤沈下、ダムの決壊、多くの住宅が破壊されるなど未曽有の甚大な被害でした。２０１８年９月の北海道胆振東部地震は、地震の規模はマグニチュード６・７でしたが強震動によって厚真町を中心に広い範囲で土砂崩れが発生し、札幌市では液状化現象により、道路の隆起や陥没が起こりました。

地形は地表面の形や性質ですので、地震、豪雨、土砂崩れなど、災害の繰返しで変わります。

山地、段丘、台地、河口付近の三角州など土地の形状、起伏の大小、海抜高・比高、位置、地質などで様々な地形をつくっています。スケールの大小にかかわらずそれぞれの地形は、地殻変動、火山活

災害と地形

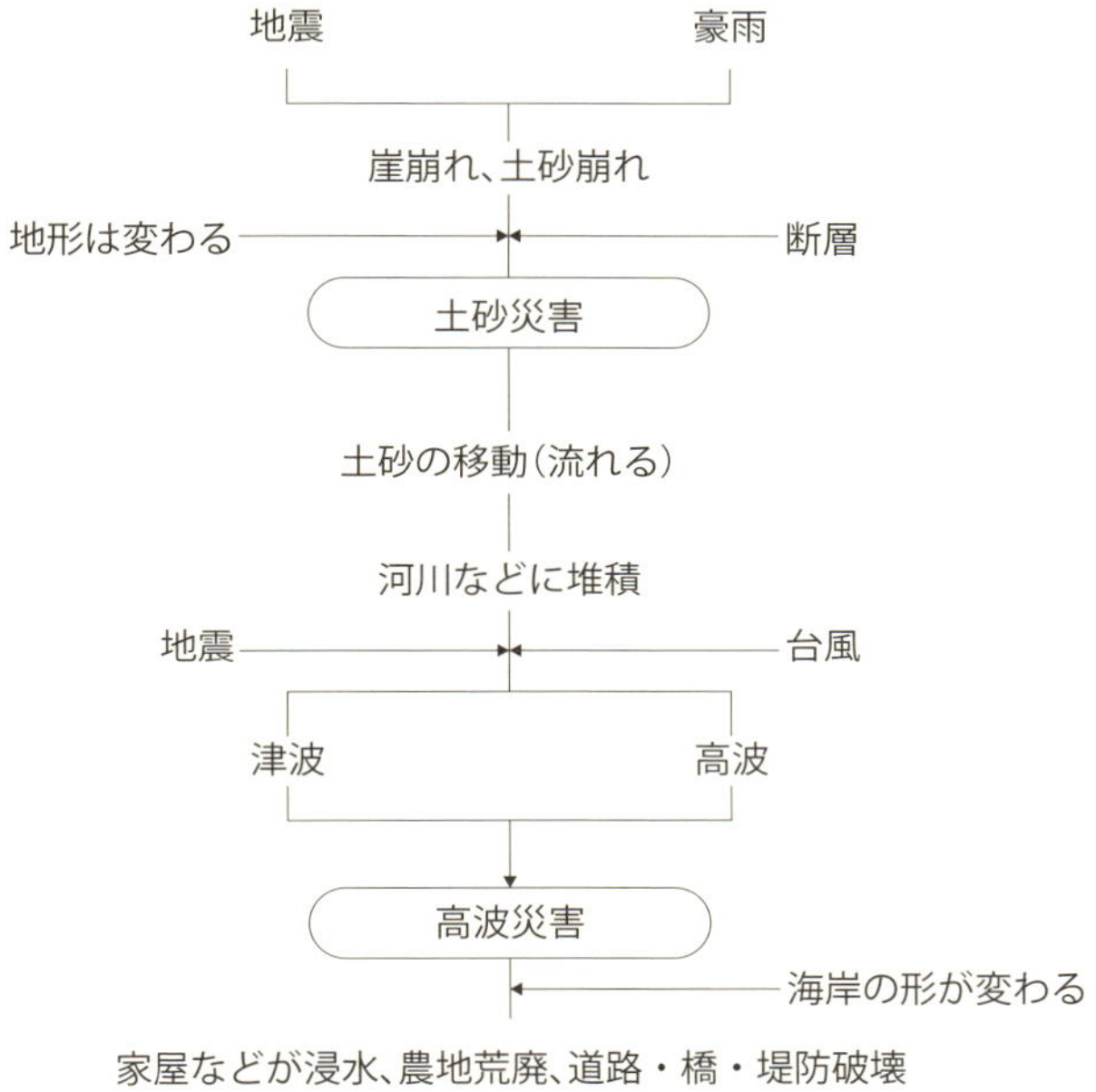

普賢岳、火砕流

火砕流で家屋が埋まる

動、地表を流れる流水・河川、地下水、風、波、氷河の流動などで地表を構成する地層や岩石が侵食され砕屑された土砂が運搬され、地表面が変形されていきます。

　このような自然の力は地形をつくる力です。豪雨、台風、地震、噴火などが、大きな地形変化をもたらし、災害となります。豪雨時に山崩れ土石流が起こり多量の土砂が移動し、平野内や河口部に堆積し、台風や津波での高波で砂浜の地形を大きく変化させ、強い地震によって地表に割れ目や断層のずれを起こします。また山崩れや土石流によって、山の形を一変させます。火山の噴火による火山灰の降下、火砕流、溶岩流などで地形が変わり、噴出物を堆積させ、生活環境を一変させます。

　山地斜面で傾斜が急にきつくなる地点を結んだ線が遷急線《せんきゅうせん》で、斜面崩壊が発生しやすい場所です。地層境界の脆弱部で差別侵食が進行したところも崩壊の要因となり、また河川下流に形成される三角州などは軟弱地盤ですから、埋め立て地よりもいいですが、地震にも豪雨にも弱く、災害に結びつくところです。北海道胆振東部地震の札幌の液状化は昔の川を埋め立て整備した住宅地でしたが、旧河川沿いに液状化した土砂が移動し家が傾き道路が陥没したりなど大きな被害となりました。地形を人工的に変れば、地滑り、陥没、土砂崩れなど、災害に遭う可能性を高めます。

　地形は、災害によってもつくられます。地形をみても災害の危険度や危険域はおおよそ見当がつきます。地表の傾斜や起伏など地形や、海や河からの比高は災害危険性を判断する手がかりになります。

　日本は急峻な山地をもち河川は短く急勾配で一気に海へ流れ込んでいます。洪水は降雨の後1～2日に多く、洪水時には平常時の数十倍の流量が流れます。

50 地形は観光資源となっている

珍しい地形、奇妙な地形、壮大な地形などふつうでない地形はたくさんありますが、日本にも奇妙で不思議議な地形がたくさん存在します。

火山活動によって生じた地形は形も様々で景観の美しさや噴火の様子もわかり観光資源として人々を惹きつける魅力があります。鹿児島の桜島のように地形を生む活動の激しさを伝えるものもあります。

侵食地形も観光地として楽しませます。

富士山のように裾野が広々とし、山頂に向かって急傾斜になって行く姿は、雄大な景観でダイナミックな地形観光となります。長野県駒ヶ根は2万年前の氷河期の氷で削り取られたお椀型の地形、カールといい、花崗岩の千畳敷カールが目前に広々と広がっています。

米国のアリゾナ州、アンテロープ・キャニオンは1億9千年前の砂岩ですが、巨大砂漠の〝化石〟ともいわれ砂岩が鉄砲水や雨水や風によって侵食され、流れる形に削られた砂岩は地層の縞状模様になり形を変え続けています。6章38項目で述べたようにモーリタニアの直径50キロメートルの巨大な環状構造地形はリシャット構造です。風化や侵食とドーム状の隆起運動で形成され、世界的にも珍しい地形です。サハラ砂漠を横断し近くに行くことができますが、飛行機で上空から眺めないとその地形は見られません。

英国の北アイルランドには火山活動で溶けた玄武

岩が柱状節理をつくり高さ12メートルと高い石の柱が密集した地形を形成しています。奇観でかつ壮観です（「柱状節理が生み出す地形」参照）。トルコのパムッカレ温泉は石灰石が化学的侵食で溶け棚田のような地形をつくり、真っ白で、温泉になっています。

八ヶ岳山麓の清里高原は火山が大規模に崩壊し溶岩や火山灰など急速に流れ下り形成されました。

このように自然の景観が世界に数多く存在し、観光資源としても価値を高めています。ジオパークは貴重な地形や地質が見れる自然公園で、観光地にもなっているところもあります。例えば五島列島では、日本列島がユーラシア大陸と分裂して現在の地形・地質に移り変わる時期が地形と地質に記録されています。

地形が観光地になり人を引き付けるためにはその地形の場所に行くことができるようなアクセスの整備が必要になります。地形観光資源の希少性、交通連絡の利便性が不可欠です。また地域の政府機関や自治体や関係者から提供される地形を見たり触れたりできるようなサービスも重要です。またインターネットなどによる情報を発信していくこと、観光地の立地条件も大きな影響を与えます。地形を眺め遠望できる見晴らし台、散策できる遊歩道などの設備も必要でしょう。

地形と観光は密接ですが、珍しい、不思議な地形でもアクセスが難しくなかなか見に行けない場所もあります。また行くことができても巨大すぎて全体像を見ることができない地形もあります。

日本列島は変動帯に位置づけられていますので、火山や急峻な山岳地形、海岸では入り組んだ海岸線や砂浜、海岸侵食地形の景観が自然観光資源になっています。日本は地形の宝庫です。ジオパークも各地にあります。地形を楽しんでみましょう。

地形と観光

観光になる地形	特徴	例
海岸侵食	波の作用で岩石が美しい姿や奇怪な姿になる	和歌山千畳敷
火山	マグマの流出で作られる山、噴火する山	キラウエア、桜島、登別
急峻な山	構造運動と侵食によりダイナミックな姿をつくる	北アルプス、スイスアルプス
氷河侵食	氷河の重さで岩盤が削られる	ノルウェーフィヨルド、駒ヶ根
断崖・絶壁	断層、溶岩台地、侵食でつくられる	ギアナ高地、高千穂峡
奇岩	珍しい形状、奇怪な形状の岩石	ローソク岩、トルコカッパドキアきのこ岩
カルスト	水で岩石が溶けてつくられる地形	秋吉台、桂林
砂丘	風によってつくられる砂丘、砂漠や海岸	鳥取、サハラ砂漠

高尾山からの関東平野

スイスアルプスとレマン湖

エトルタ（フランス）のチョークの崖の海岸侵食

Column

地形を変える人間生活

大地を変えたり、大地をつくったりは、必要に迫られての場合もあります。今では海に島をつくり、現実から隔離されたリゾートがつくられています。

フランスのSF作家ジュール・ヴェルヌ（1828—1905年）の科学小説『動く人工島』はスタンダード島といい、19世紀の最高の科学技術を使って作られた人工島で理想都市の姿を描いています。海の上を移動する島､南太平洋を航海し､様々な出来事に出会う話です。

人間は地表面の形を様々に変化させてきました。地形を変えて社会生活の場を広げています。近年では大型土木機械によって地形の人工改変の規模が巨大化してきました。宅地、農業用地、工業用地、ゴルフ場やスキー場などレジャー用地等の造成、道路建設、鉄道建設、ダム建設、採石場、露天掘り鉱山の鉱石の採掘などのために山や丘陵，台地が削られています。埋め立て、棚田やだんだん畑も土地の改変です。様々に地形を変えています。

パーム・ジュメイラはアラブ首長国連邦のドバイ政府所有のペルシア湾の人工島です。ヤシの木のような形をした島で5㎢の広さで世界一の海抜3mのリゾートの島です。深さ10.5mで埋め立てに9,400万㎥の砂と700万トンの莫大な岩石が使用されました。

ジュール・ヴェルヌの人工島は海に浮かびます。ドバイの人工島は海流や底層流による侵食や海岸線の変化で将来どうなるかわかりません。また斜面を削れば崩壊や雨水の流下方向の変化などが起こる可能性があり、リスクが増大します。

昔から人類は、地表面の形を様々に変え、そのせいでそこは自然災害で壊されてきました。2018年の地震にともなう札幌の液状化災害もその例です。

【参考文献】

●『世界のおもしろ地形』白尾元理　２００７年３月　誠文堂新光社
●『地形観察』目代邦康　２０１２年９月　誠文堂新光社
●『日本の地形』貝塚爽平　１９７７年３月　岩波新書
●『地下水と地形の科学』榧根勇　講談社学術文庫
●『川はどうしてできるのか』藤岡換太郎　２０１４年10月　講談社ブルーバックス
●『海はどうしてできたのか』藤岡換太郎　２０１３年２月　講談社ブルーバックス
●『山はどうしてできるのか』藤岡換太郎　２０１２年１月　講談社ブルーバックス
●『地形変化の科学─風化と侵食─』松倉公憲　２００８年11月　朝倉書店
●『日本列島の生い立ちを読む』斎藤靖二　２００７年８月　岩波新書
●『日本列島の誕生』平朝彦　１９９０年11月　岩波新書
●『日本の地質と地形』高木秀雄　２０１７年１月　誠文堂新光社
●『おもしろサイエンス地層の科学』西川有司　２０１５年３月　日刊工業新聞社
●『おもしろサイエンス岩石の科学』西川有司　２０１８年６月　日刊工業新聞社
●『日本列島１００万年史』山崎晴雄、久保純子　講談社ブルーバックス
●『富士山噴火と巨大カルデラ噴火』ニュートン別冊　２０１４年12月　ニュートンプレス
●『奇岩の世界』山田英春　２０１８年２月　創元社

●著者略歴

西川 有司（にしかわ ゆうじ）

　1975年早稲田大学大学院資源工学修士課程修了。1975年～2012年三井金属鉱業（株）、三井金属資源開発（株）、日本メタル経済研究所。主に資源探査・開発・評価、研究などに従事。その他グルジア国（現在ジョージア）首相顧問、資源素材学会資源経済委員長など。

　現在　EBRD（欧州復興開発銀行）EGP顧問、英国マイニングジャーナルライターなど。

　著書は、トコトンやさしいレアアースの本（共著、2012）日刊工業新聞社、トリウム溶融塩炉で野菜工場をつくる（共著、2012）雅粒社、資源循環革命（2013）ビーケーシー、資源は誰のものか（2014）朝陽会、おもしろサイエンス地下資源の科学（2014）日刊工業新聞社、おもしろサイエンス地層の科学（2015）、おもしろサイエンス天変地異の科学（2016）、おもしろサイエンス温泉の科学（2017）、おもしろサイエンス岩石の科学（2018）日刊工業新聞社など。「資源と法」（2012～2019.1）記事連載 朝陽会発行（編集雅粒社）また地質、資源関係論文・記事多数国内、海外で出版。

NDC 450

おもしろサイエンス**地形の科学**

2019年03月25日　初版1刷発行

定価はカバーに表示してあります。

©著　者	西川　有司	
発行者	井水　治博	
発行所	日刊工業新聞社	〒103-8548 東京都中央区日本橋小網町14番1号
	書籍編集部	電話 03-5644-7490
	販売・管理部	電話 03-5644-7410　FAX 03-5644-7400
	URL	http://pub.nikkan.co.jp/
	e-mail	info@media.nikkan.co.jp

印刷・製本　㈱ティーケー出版印刷

2019 Printed in Japan　落丁・乱丁本はお取り替えいたします。

ISBN　978-4-526-07965-8